教育部大学计算机课程改革项目规划教材

数据库技术及应用实践教程
——Access

Shujuku Jishu ji Yingyong Shijian Jiaocheng

（第4版）

李雁翎　编著

高等教育出版社·北京

内容提要

本书是作者所编著的《数据库技术与应用（第4版）》教材的配套实验教程。

本书以培养计算思维能力为目标，把 Access 2010作为实验环境，基于数据库基础理论知识，兼顾VBA程序设计方法，设计了以数据库对象的操作和应用、SQL语言应用、VBA程序设计、ActiveX控件应用、数据库应用系统开发的方法及步骤、数据库安全技术等相关知识为基础的实验。

本书富有特色，以一个完整的数据库应用系统贯穿全书，其实例丰富，层次分明，知识点全面，通俗易懂，循序渐进，实用性强。每个实验都有实验目的、实验手段和操作方法的介绍，操作步骤清晰，程序代码完整。全书提供10大类实验，78个实验题目，以及与实验操作相对应的42个微视频。通过这些实验，可从不同的需求角度、不同的侧面，全面了解数据库技术应用、数据库应用系统开发的方法和步骤。

本书还附有与主教材相配套的习题及答案，可作为学习数据库技术的教学用书，也可作为培养小型应用系统开发能力的学习用书，以及广大计算机用户和计算机学习者的培训用书、自学用书。

图书在版编目（CIP）数据

数据库技术及应用实践教程：Access/李雁翎编著.--4版.--北京：高等教育出版社，2014.8（2018.12重印）
ISBN 978-7-04-040576-7

Ⅰ.①数… Ⅱ.①李… Ⅲ.①关系数据库系统-高等学校-教材 Ⅳ.①TP311.138

中国版本图书馆CIP数据核字(2014)第160007号

策划编辑 唐德凯　　责任编辑 陈　哲　　封面设计 张申申　　版式设计 王　莹
插图绘制 杜晓丹　　责任校对 李大鹏　　责任印制 毛斯璐

出版发行 高等教育出版社
社　　址 北京市西城区德外大街4号
邮政编码 100120
印　　刷 北京玥实印刷有限公司
开　　本 787mm×1092mm 1/16
印　　张 14.25
字　　数 280千字
购书热线 010-58581118
咨询电话 400-810-0598

网　　址 http://www.hep.edu.cn
　　　　 http://www.hep.com.cn
网上订购 http://www.landraco.com
　　　　 http://www.landraco.com.cn
版　　次 2005年7月第1版
　　　　 2014年8月第4版
印　　次 2018年12月第3次印刷
定　　价 20.00元

物 料 号 40576-00

与本书配套的数字课程资源使用说明

与本书配套的数字课程资源发布在高等教育出版社易课程网站，请登录网站后开始课程学习。

一、网站登录

1. 访问 http://abook.hep.com.cn/1870815
2. 输入数字课程账号（见封底明码）、密码、验证码
3. 单击“进入课程”
4. 开始课程学习

账号自登录之日起一年内有效，过期作废。

使用本账号如有任何问题，请发邮件至：eCourse@hep.com.cn

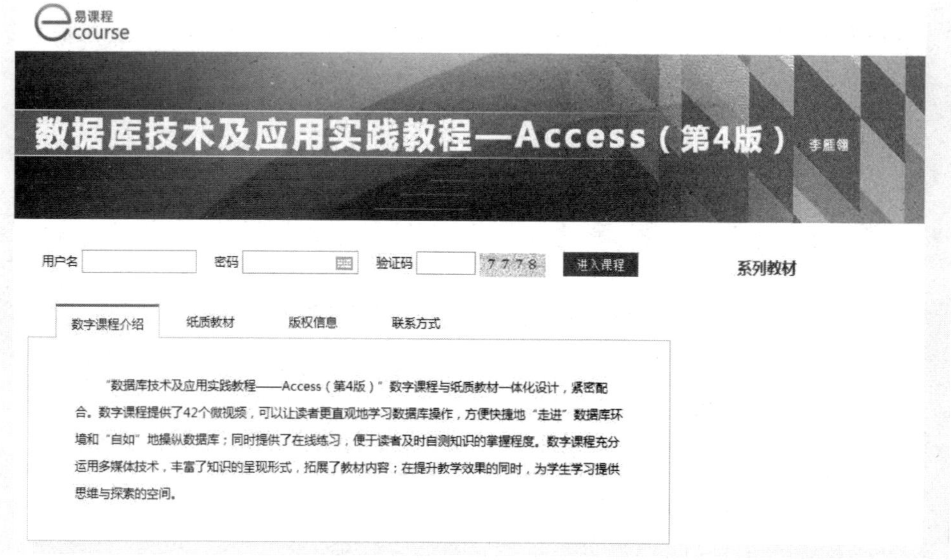

二、资源使用

与本书配套的易课程数字课程资源按照章的结构组织，提供与各章内容紧密配合的微视频，并提供在线练习题集。

1. 微视频：内容基本覆盖了各章实验的实际操作讲解，能够让学习者随时随地使用移动通信设备观看比较直观的视频讲解，方便快捷地“走进”数据库环境和

“自如”地操纵数据库。这些微视频以二维码的形式在书中出现,扫描后即可观看。相应微视频资源在易课程的“微视频”栏目中也可观看。

2. 在线练习:提供了10个单元的在线练习题集,便于读者及时自测知识的掌握程度。

3. 电子课件:对应实验教材的电子教案。

序

人类在认识世界和改造世界的活动过程中离不开思维活动。由思维活动产生了对于物质世界的理解和洞察,也促进了人类之间的交流,使人类获得了知识交流和传承的能力。因此思维的重要性是不言而喻的,而计算思维是当前一个颇受关注的涉及计算科学本质问题和未来走向的基础性概念。

教育部大学计算机课程教学指导委员会提出了以计算思维能力培养为导向的大学计算机基础教学改革方向,并在教育部高教司的领导下,组织实施了一系列的教学研究项目。最近一段时间,这些教学研究项目的成果不断涌现,主要体现在这三个方面:在教学资源上出版了多种面貌一新的教材,尝试在知识传授过程中渗透计算思维能力的教学目标;在教学方法上引入了诸如翻转课堂这种新的教学模式,在国内外重要的 MOOC 网站推出了若干门课程,起到很好的引领和示范作用;在教学实践上以试点方式组织了一大批高校,大范围地推进了课程改革工作,为课程改革提供了坚实的实践基础。

由李雁翎教授编写的"数据库技术"课程系列教材也是教指委主导的教学研究项目的重要成果。我们看到,系列教材以培养计算思维能力为目标,无论是教材体例和教材的内容都做了较大调整,具体鲜明的特色,主要体现在以下几点。

1. 系列教材采用"一拖三"的方式重构了教学内容:一本主教材主要讲解数据库技术的原理,不再介绍琐碎的软件细节;而用三本辅导书分别介绍三个软件平台(Access、SQL Server、Visual Foxpro)的使用方法。从而克服了"数据库技术"课程教材过分重视软件操作过程叙述、多个软件平台各自独立的缺陷。

2. 主教材内容由 4 个知识单元构成,在对每个知识单元的知识点进行详细讲解的同时,找出与之对应的计算思维特征点,从而构建了计算思维能力培养的框架。而且,在每个章节都加入了"计算思维漫谈",内容易懂,信息丰富,是其一大亮点。

3. 三本辅导书,都是以一个完整的数据库应用系统贯穿全书,提供了丰富的操作实例,有助于读者对照实例,较快地掌握软件的操作方法与技巧。

4. 系列教材在高教社的协助下,采用了"纸质教材+数字课程"出版形式,纸质教材与丰富的数字化资源一体化设计。纸质教材内容精炼适当,通过标注的方式提供了知识点与数字化资源的关联关系;数字课程包括了电子教案、微视频、在线练习题等丰富的材料。

总体上来看,这套教材体现了教指委倡导的教学改革思路,而且从内容到形式都有独到之处。希望这套教材能够在使用过程中不断提高，成为计算机基础教育领域的经典之作。

李廉教授

教育部大学计算机课程教学指导委员会主任委员

2014年6月

前 言

本书是作者所编著的《数据库技术与应用(第4版)》教材的配套实践教材。本书以培养计算思维能力为目标,用关系数据库管理软件Access 2010作为实验环境,以配合高校计算机基础教学改革、适应新世纪教学需求为编写宗旨,围绕教育部高等学校大学计算机课程教学指导委员会发布的《高等学校大学计算机基础课程教学基本要求》所给出的“数据库技术与应用”知识体系和实验体系,以数据库原理和技术为核心,尝试践行“学以致用”的理念。

本书结合多年教学实践,综合国内外有关数据库技术(Access)教材的大量实验案例,以培养学生利用数据库技术对数据和信息进行管理、加工和利用的意识与能力为目标,以数据库原理和技术的知识讲授为核心,严格筛选,精心安排教材体例和组织教材内容。

本书将实验设计分为以下三种。

操作性实验:数据库的基本操作、SQL的使用、数据完整性与安全性。

综合性实验:数据库维护、SQL编程、面向对象编程、数据库分析与建模。

专业应用实验:典型功能的数据库应用系统的数据库设计与开发。

具体的实验从与关系数据库管理系统相关的基础理论和概念出发,引领读者了解Access的基本性能,介绍Access的操作方法,力求通过实验,讲述使用Access进行数据库应用系统开发的必备知识和技能。另外,还用大量的篇幅讲述了利用Access进行系统开发的方法和系统设计的一般步骤,希望更多的读者了解,Access不仅仅是许多高级语言的后台数据库,而且是既可以开发前台工作窗口,又能完成后台数据库制作的、功能全面的、优秀的数据库管理软件。

全书共有11章,各章内容如下。

第1章 Access概述:介绍了Access的功能及特性,Access集成环境,Access系统环境的设置,Access启动与退出等实验。

第2章数据库操作:介绍了Access数据库对象(表、查询、窗体、报表、宏、模块)基本形态,数据库的创建,使用数据库等实验。

第3章表操作:介绍了表及表的定义,表结构的创建与维护,表中数据的输入与维护,表的使用,表间关联等实验。

第4章查询操作:介绍了查询概述,创建单表查询,创建多表查询,创建追加查询,创建生成表查询,创建更新查询,创建参数查询等实验。

第5章 SQL应用:介绍了SQL语言概述,数据定义,插入数据,更新数据,删除数据,简单查询,多表连接查询,等值连接查询,嵌套查询等实验。

第6章窗体设计:介绍了面向对象编程基础,窗体的组成,设计数据输入窗体,设计数据浏览窗体,设计数据查询窗体,设计系统首页窗体,设计系统登录窗体等。

第7章宏设计:介绍了宏概述,宏创建及使用,宏组创建及使用等实验。

第8章报表设计:介绍了报表的组成,报表布局与页面设置,创建与编辑报表,统计报表,图表报表,标签报表等实验。

第9章数据库安全与共享:介绍了安全与共享概述、设置数据库信任位置,设置数据库密码,导出数据库对象,导入数据库对象等实验。

第10章小型应用系统开发:介绍了应用系统开发各阶段任务,应用系统的主体设计,设计数据库等实验。

第11章 Access 练习集:介绍了与主教材相配套的习题及答案。

全书共10大类实验,78个实验题目,与实验操作相对应的有42个微视频。通过这些实验,可从不同的需求角度、不同的侧面,全面了解数据库技术应用、数据库应用系统开发的方法和步骤。

各章节配有微视频如下表所示。

各章配有的微视频列表

序号	章节	视频名二维码标识符
1-1	Access 概述	Access 系统环境
1-2		Access 集成环境设置
1-3		Access 启动与退出
2-1	数据库操作	Access 创建数据库
2-2		Access 使用数据库
3-1	表操作	Access 定义数据表及关联
3-2		Access 数据表结构维护
3-3		Access 数据输入
3-4		Access 数据维护
3-5		Access 创建索引
3-6		Access 创建表间关联
4-1	查询操作	Access 选择查询
4-2		Access 操作查询
4-3		Access 参数查询

续表

序号	章节	视频名二维码标识符
5-1	SQL 应用	Access 数据删除
5-2		Access 数据修改
5-3		Access 简单查询
5-4		AccessSQL 查询
5-5	SQL 应用	Access 多表连接查询
5-6		Access 等值连接查询
5-7		Access 嵌套查询
6-1	窗体设计	Access 向导创建窗体
6-2		Access 数据输入窗体
6-3		Access 浏览窗体
6-4		Access 查询窗体
6-5		Access 登录窗体
7-1	宏设计	Access 创建宏
7-2		Access 使用宏
7-3		Access 创建宏组
7-4		Access 使用宏组
8-1	报表设计	Access 向导创建报表
8-2		Access 设计器创建报表
8-3		Access 报表中数据计算与汇总
8-4		Access 图表报表
8-5		Access 标签报表
9-1	数据库安全与共享	Access 数据库加密
9-2		Access 数据库备份
9-3		Access 导出到 Excel
9-4		Access 导出到 Word
9-5		Access 导出到文本文件
10-1	小型应用系统开发	Access 小型数据库应用系统开发的一般方法
10-2		Access 阳光超市管理系统软件演示

本书富有特色，实例丰富，有很强的实用性；体系清晰，深入浅出，精编精讲，尽量将复杂的问题简单化；程序功能力求完善，设计手段尽量简便；知识点全面，通俗易懂，循序渐进，实用性强，尤其注重 Access 使用和设计能力的培养。

本书可作为学习数据库技术学生的专门用书，也可作为培养小型应用系统开发能力的学习用书以及广大计算机用户和计算机学习者的培训用书、自学用书。同时，本书还是计算机二级 Access 考试的参考用书。

本书由李雁翎编写。李玉、郝佳南、刘征、张斯雯、郭书彤、路明懿参与了实验开发与微视频录制，高等教育出版社的编辑也给予了大力支持，在此一并表示感谢。

由于作者水平有限，书中难免有错误和不足之处，欢迎广大读者批评指正。

编者

2014 年 2 月

目　　录

第 1 章　Access 概述

Microsoft Access 2010 是 Microsoft Office 2010 系列应用软件的一个重要组成部分，是快速、方便地开发管理信息、较为普及的关系数据库管理软件之一。Access 2010 对以前的 Access 版本作了许多改进，其通用性和实用性大大增强，集成性和网络性也更加强大，已经成为当今广为流行的关系数据库管理软件，拥有众多的用户。

1.1　Access 的功能及特性

Access 2010 数据库管理系统由于其与 Microsoft Office 应用程序的高度集成，给用户提供了一个极其熟悉的用户界面和方便快捷的运行环境。Access 2010 数据库管理系统不仅具有传统的数据库管理系统的功能，同时还进一步增强了自身的特性。

1. 独特的“数据库”窗口

Access 2010 的用户界面与 Office 2010 其他应用程序的界面相似，拥有整齐划一的选项卡，使用导航面板、工具栏按钮，用户可以选择要处理的目标数据库；新推出的导航模块，不用写代码，许多功能一键完成。这使用户在最短的时间内便可进入 Access 2010 操作环境，从而方便、准确地使用 Access 2010 所提供的功能选项卡以及各功能区的命令按钮及工作窗口，即便是初学者也很容易上手。

2. 集成化管理数据库对象可快速访问目标文件

Access 2010 将数据库对象集中管理，提供了丰富、动态化、富含视觉效果的工作环境，在“打开”与“保存”对话框中，设置一些常用的对文件夹进行操作的按钮，在打开或保存文件时，能够快速、准确地访问或保存文件。

3. 提供了附件数据类型

Access 2010 提供了附件(Attachment)数据类型，使用户可以将整个文件嵌入到数据库中，提供了图片、文档和其他文件和与之相关的记录存储在一起的数据存储方式。但是其数据库的大小有限(最大为 2GB)，这就限制了对多媒体文件的存储。

4. 易于设计的窗体和报表

Access 2010 通过一个称为布局(Layouts)视图的功能显著改善窗体和报表设计环境，布局视图功能可以将信息一起保存在整齐划一的字段或表中。通过使用这些工具，用户可以轻松设置格式，并能够马上看到结果。

5. 数据库转换

Access 2010 能够实现不同版本的 Access 数据库共享。在 Access 2010 系统环境下，不仅可以将低版本的Access数据库转换成Access 2010 数据库，还可以将Access 2010 数据库转换成低版本的Access数据库。

6. 子数据表

在Access 2010中，允许使用子数据表，这样可以方便浏览、编辑与当前数据表相关的其他数据表中的数据。

7. 向Excel、Word和文本文件导出数据

Access 2010可以将数据从Access 中导出到Excel、Word和文本文件中，即把Access对象拖放到Excel、Word和文本文件。这样不仅提供了不同软件间的数据共享，同时也为进行数据分析提供了更多方法和环境。

8. 压缩关闭数据库

由于数据库文件占用的磁盘空间往往太多，因而不便于数据库文件的保存。而在Access 2010中，引入了"关闭时压缩"功能，用户可以在关闭数据库文件时让系统自动压缩该数据库文件。另外，它还可以用数据库实用工具压缩数据库。

9. 示范数据库

Access 2010 为用户提供了一些示范数据库，可以参照Northwind(全功能数据库)制作或复制相应的数据库。

10. 与SQL Server协同工作

Access 2010 提供了一系列的向导使用户能够更方便地创建客户/服务器数据库。通过Access 2010提供的设计工具可以直接编辑SQL Server端的对象，使Access 高级用户和开发人员更容易将数据库知识扩展到客户/服务器环境。

1.2 初识Access

学习如何使用Access数据库管理系统，首先要了解其集成环境，能够设置最适合于用户操作的用户界面和方便快捷的运行环境。

1.2.1 熟悉Access集成环境

1. 实验目的

熟悉Access系统主要工作环境，了解系统环境组成元素，了解标题栏、多功能选项卡、导航栏、操作工作区、帮助按钮和状态栏，以及相关的操作方法。

2. 实验题目

熟悉Access集成环境。

3. 操作步骤

(1) 打开"开始"菜单，选择"所有程序"命令，打开"所有程序"菜单。

(2) 在"所有程序"菜单下，选择"Microsoft Office"→"Microsoft Access 2010"

命令，进入 Access 系统首页窗口，如图 1-1 所示。

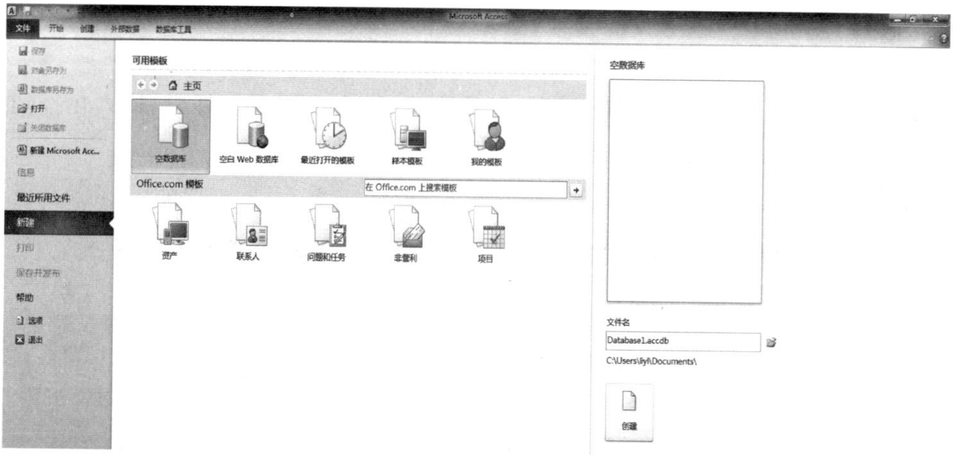

图 1-1　Access 系统首页窗口

（3）在 Access 系统首页窗口中，打开或新建数据库，进入 Access 系统窗口，如图 1-2 所示。

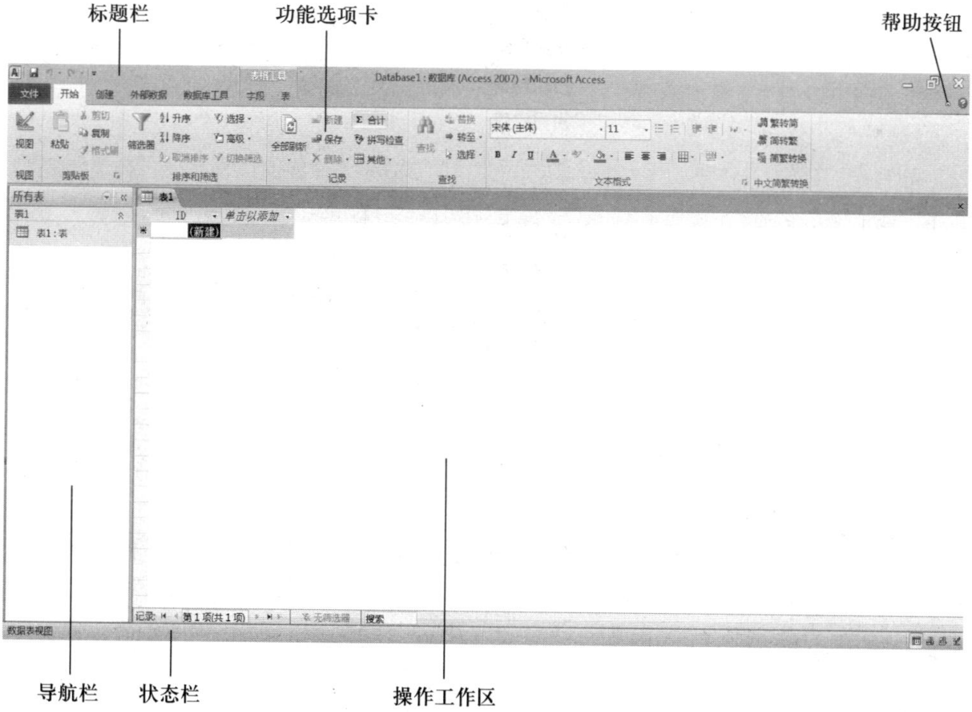

图 1-2　Access 系统窗口

在 Access 系统窗口中可以看到，它是由标题栏、功能选项卡、导航栏、操作工作区、帮助按钮和状态栏组成。

1）标题栏

标题栏包含文件名称、软件名称，由系统图标、快速访问工具栏、最大化按钮、最小化按钮和系统关闭按钮组成，如图 1-3 所示。

图 1-3　标题栏

快速访问工具栏位于系统图标右侧，具有多个快速操作的工具按钮（其内容可由用户自定义），单击 ▼ 按钮，可以打开对应的下拉菜单实现相关的操作，如图 1-4 所示。

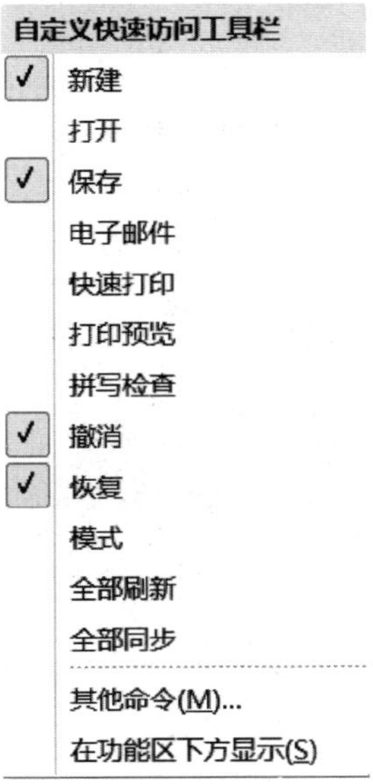

图 1-4　“快速访问工具栏”下拉菜单

2）功能选项卡

功能选项卡位于屏幕界面的上方，通过不同的选项卡可以打开多种不同的功能区，如图 1-5 所示。

图 1-5　选项卡和功能区

功能区提供了实现系统功能的多种选项卡及子功能区，它包含文件、开始、创建、外部数据、数据库工具等功能选项卡，是原有版本的菜单栏和工具栏的组合。

功能区中的选项，有的可打开新的选项卡及子功能区，有的可打开一个对应的工作窗口，有的可直接完成某一个操作。

3）导航栏

导航栏用于显示数据库各类操作对象，单击按钮，可以打开对应的下拉菜单实现相关的操作，如图 1-6 所示。

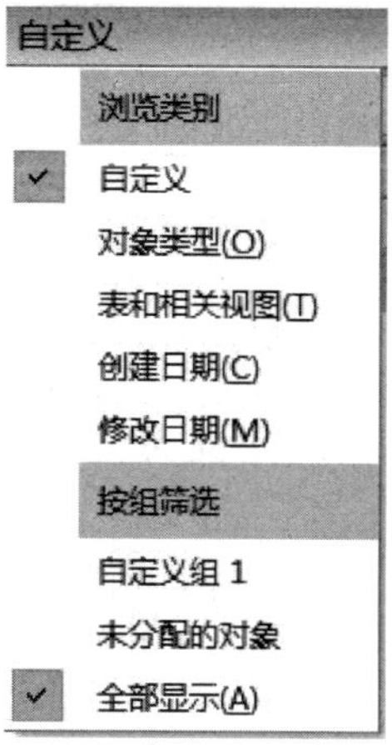

图 1-6　导航栏

4）操作工作区

操作工作区以选项卡方式显示各类数据库对象，以便对其进行创建、编辑操作及工作状态调试，如图 1-7 所示。

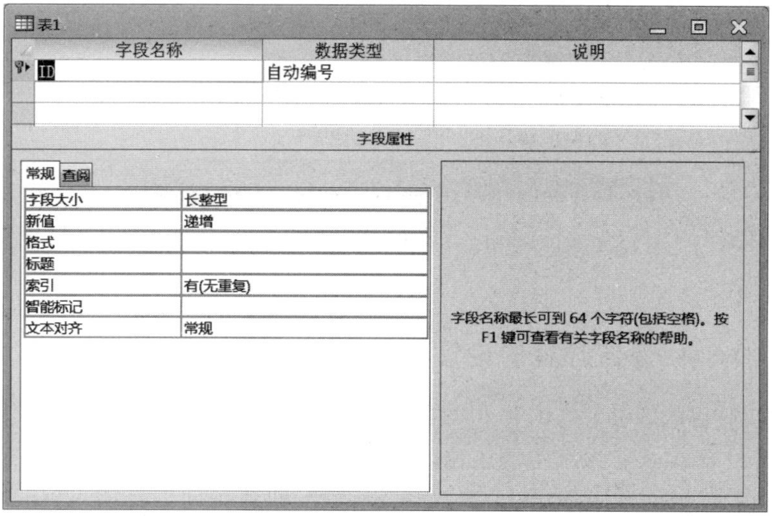

图 1-7　操作工作区

5）帮助按钮

帮助按钮在功能选项卡区的最右方，单击按钮，进入 Access 帮助窗口，如图 1-8 所示。若再次单击按钮，可以打开对应的下拉菜单导航栏，为用户方便快捷地实现对数据库对象的操作。

6）状态栏

状态栏位于屏幕的底部，用于显示某一时刻数据库管理系统进行数据管理时

图 1-8　Access 帮助窗口

的工作状态。

微视频 1-1
Access系统环境

1.2.2　Access 系统环境的设置

1. 实验目的

了解设置 Access 系统主要工作环境方法，了解主要设置选项，关注常规环境，也可单独设置当前数据库、数据表、对象设计器、快速访问工具栏、信任、加载项中心、客户端设置等相关内容。

2. 实验题目

设置 Access 系统环境。

3. 操作步骤

(1) 打开“开始”菜单，选择“所有程序”命令，打开“所有程序”菜单。

(2) 在“所有程序”菜单下，选择“Microsoft office”→“Microsoft Access 2010”命令，进入 Access 系统首页窗口，如图 1-9 所示。

(3) 在 Access 系统首页窗口中，选择“文件”→“选项”命令，打开“Access 选项”对话框，如图 1-10 所示。

图 1-9 Access 系统首页窗口

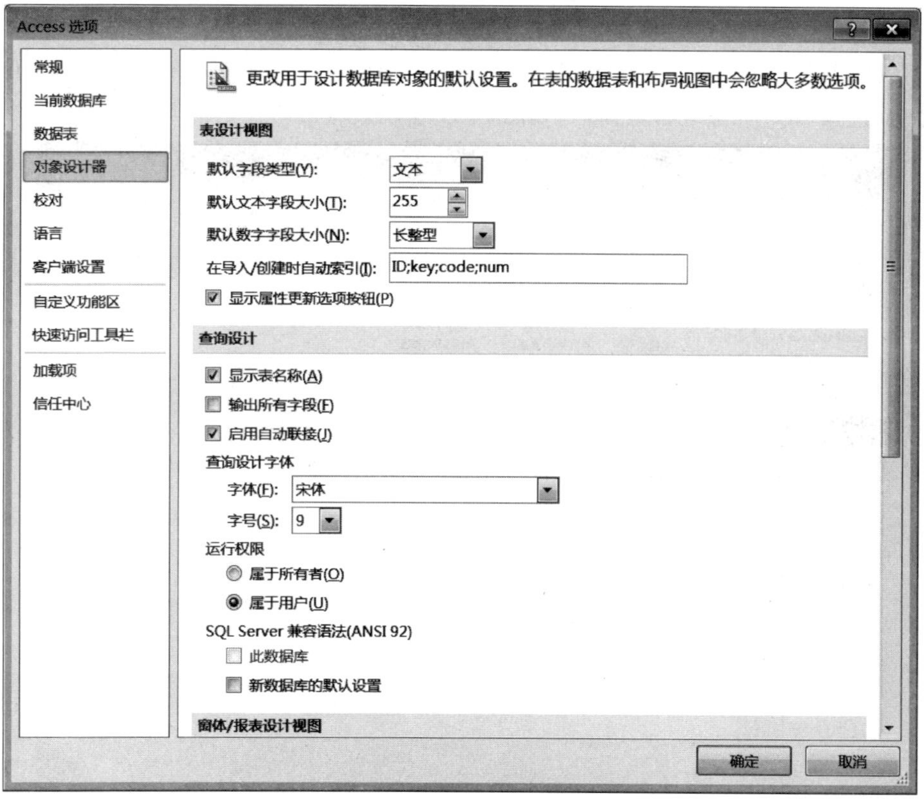

图 1-10 “Access 选项”对话框

(4) 在“Access 选项”对话框中,用户可定义 Access 系统集成环境。

微视频 1-2
Access集成环境设置

1.3 Access 启动与退出

对 Access 系统有了初步的了解后,就要频繁进出 Access 系统,以下介绍 Access 启动与退出的实验。

1.3.1 启动 Access

1. 实验目的

启动 Access 有多种方法,了解不同的启动 Access 系统的操作。

(下面介绍的是通过“所有程序”菜单启动 Access 的方法)

2. 实验题目

启动 Access。

3. 操作步骤

(1) 打开“开始”菜单,选择“所有程序”命令,打开“所有程序”菜单。

(2) 在“所有程序”菜单下,选择“Microsoft Office”→“Microsoft Access 2010”命令,进入 Access 系统首页窗口,如图 1-11 所示。

图 1-11 启动 Access

1.3.2　退出 Access

1. 实验目的

退出 Access 有多种方法，了解不同的退出 Access 系统的操作。

2. 实验题目

退出 Access。

3. 操作步骤

方法一：在 Access 系统首页窗口，选择“文件”选项卡，单击“退出”按钮，退出 Access。

方法二：首先，在 Access 系统首页窗口，单击“A”按钮，弹出系统快捷菜单，如图 1-12 所示。然后，在系统快捷菜单下，选择“关闭”命令，退出 Access。

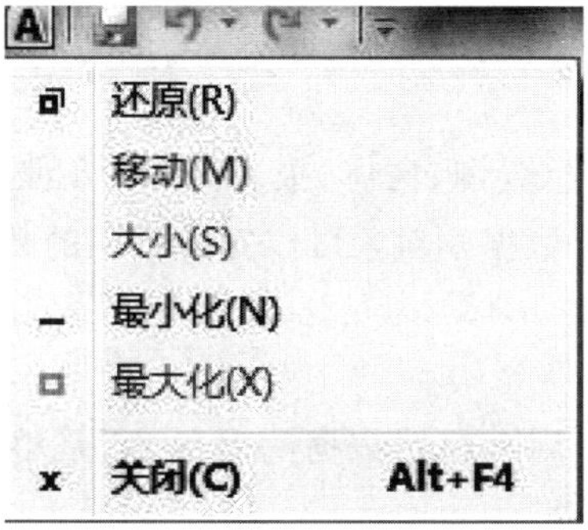

图 1-12　系统快捷菜单

方法三：在 Access 系统首页窗口，直接单击标题栏中的×按钮，退出 Access。

方法四：在 Access 系统首页窗口，按 Ctrl+Alt+Del 键，打开任务管理器窗口，在“应用程序”选项卡中，选择 Access 程序任务，单击“结束任务”按钮，退出 Access。

微视频 1-3
Access 启动与退出

第 2 章　数据库操作

Access 数据库不仅包含多个表,同时还可在表的基础上创建其他数据库对象。另外,还可以利用表间复杂的关联关系,解决复杂的数据处理问题,实现数据库的多重功能,从而大大提高数据库的使用效率。

本章将介绍数据库的对象、数据库表的创建,数据库表间关联关系等数据库基本操作。

2.1　Access 数据库对象

Access 数据库,是由表、查询、窗体、报表、数据访问页、宏及 VBA 程序模块等数据库对象组成的,每一个数据库对象可以完成不同的数据库功能。

2.1.1　表

表(Table)是数据库中用来存储数据的对象,它是整个数据库系统的数据源,也是数据库其他对象的基础。

在 Access 中,用户可以利用表向导、表设计视图,以及 SQL 语句创建表,可以利用表视图对数据进行维护、加工、处理等操作。

图 2-1 所示的内容,是利用表设计视图创建表的工作窗口。

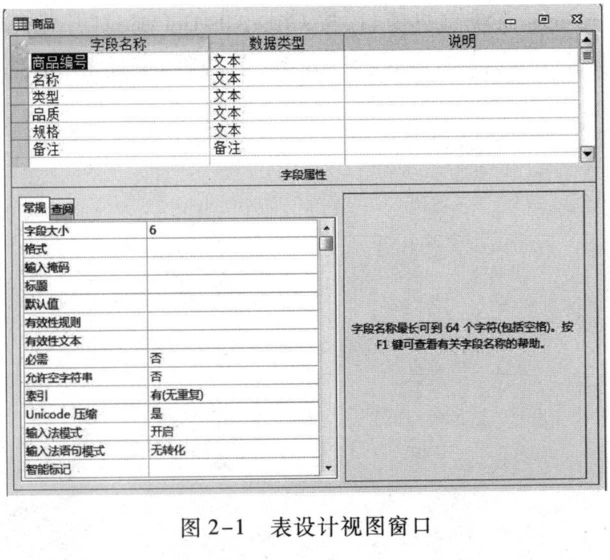

图 2-1　表设计视图窗口

图 2-2 所示的内容，是利用表视图编辑表中数据的工作窗口。

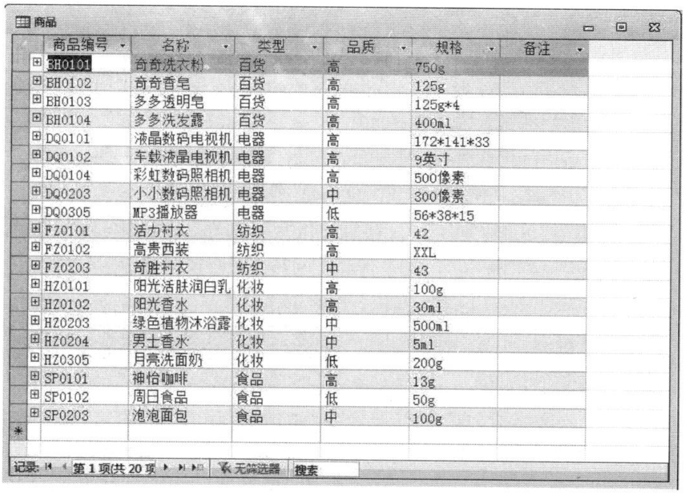
商品

商品编号	名称	类型	品质	规格	备注
BH0101	奇奇洗衣粉	百货	高	750g	
BH0102	奇奇香皂	百货	高	125g	
BH0103	多多透明皂	百货	高	125g*4	
BH0104	多多洗发露	百货	高	400ml	
DQ0101	液晶数码电视机	电器	高	172*141*33	
DQ0102	车载液晶电视机	电器	高	9英寸	
DQ0104	彩虹数码照相机	电器	高	500像素	
DQ0203	小小数码照相机	电器	中	300像素	
DQ0305	MP3播放器	电器	低	56*38*15	
FZ0101	活力衬衣	纺织	高	42	
FZ0102	高贵西装	纺织	高	XXL	
FZ0203	奇胜衬衣	纺织	中	43	
HZ0101	阳光活肤润白乳	化妆	高	100g	
HZ0102	阳光香水	化妆	高	30ml	
HZ0203	绿色植物沐浴露	化妆	中	500ml	
HZ0204	男士香水	化妆	中	5ml	
HZ0305	月亮洗面奶	化妆	低	200g	
SP0101	神怡咖啡	食品	高	13g	
SP0102	周日食品	食品	低	50g	
SP0203	泡泡面包	食品	中	100g	

记录：第 1 项(共 20 项 无筛选器 搜索

图 2-2　表视图窗口

2.1.2　查询

查询(Query)也是一个表，是以表为基础数据源的“虚表”。查询可以作为表加工处理后的结果，它是一个或多个表的相关信息的“视图”，它还可以作为数据库其他数据库对象的数据来源。

在 Access 中，查询具有极其重要的地位，利用不同的查询，可以方便、快捷地浏览数据库中的数据，同时利用查询还可以实现数据的统计分析与计算等操作，特别是它可以作为窗体和报表的来自多表的数据源。

图 2-3 所示的内容，是利用查询设计视图创建查询的工作窗口。

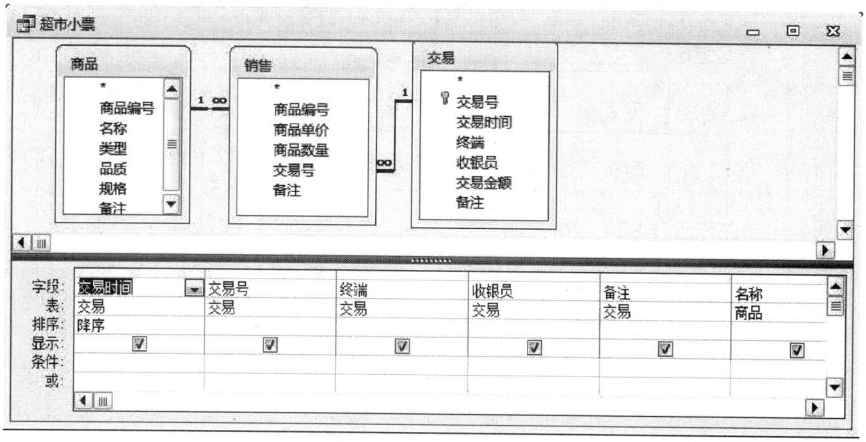

图 2-3　查询设计视图窗口

图2-4所示的内容,是利用“查询”视图浏览查询中数据的工作窗口。

超市小票

交易时间	交易号	终端	收银员	备注	名称	商品单价	商品数量	金额
13-11-21	0355	H2	B20202		周日食品	2	5	10
13-11-21	0355	H2	B20202		神怡咖啡	1.5	6	9
13-11-21	0354	S1	B20201		泡泡面包	2	2	4
13-11-21	0354	S1	B20201		周日食品	2	3	6
13-11-21	0355	H2	B20202		泡泡面包	2	5	10
13-11-20	0352	H2	B20201		泡泡面包	2	2	4
13-11-20	0352	H2	B20201		MP3播放器	1200	1	1200
13-11-20	0352	H2	B20201		周日食品	2	3	6
13-11-20	0352	H2	B20201		阳光活肤润白乳	110	1	110
13-11-20	0353	B3	B20201		泡泡面包	2	5	10
13-11-20	0352	H2	B20201		活力衬衣	170	1	170
13-11-18	0351	S1	B10301		高贵西装	480	1	480
13-11-18	0351	S1	B10301		活力衬衣	170	1	170
13-11-18	0351	S1	B10301		彩虹数码照相机	1800	1	1800
13-11-16	0350	B3	B20201		绿色植物沐浴露	45	1	45

记录: 第15项(共32项)　无筛选器　搜索

图2-4　“查询”视图窗口

2.1.3　窗体

窗体(Form)是屏幕的显示窗口。窗体是在数据库操作的过程中无时不在的数据库对象。它主要用于控制操作流程,接收用户信息,对表或查询中的数据进行输入、编辑、删除等操作。

图2-5所示的内容,是利用窗体设计视图创建窗体的工作窗口。

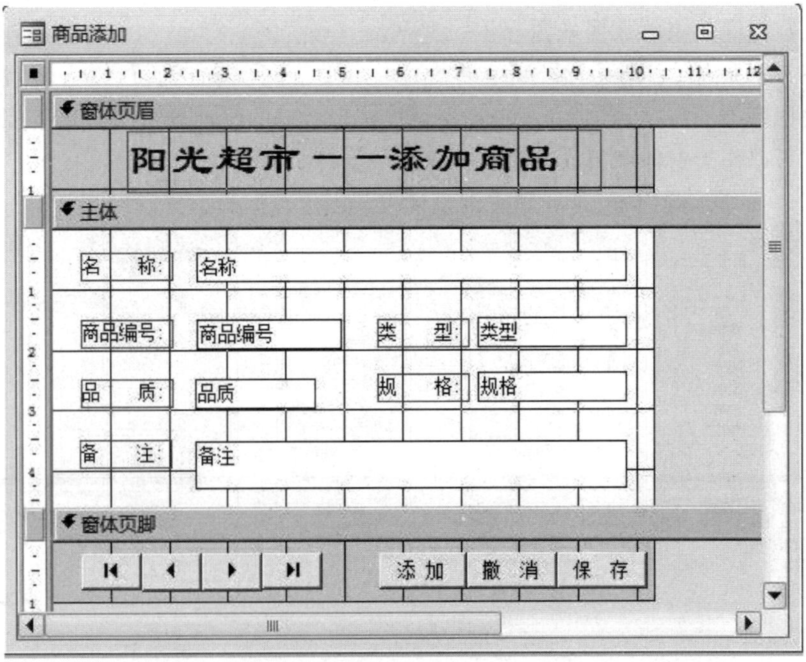

图2-5　窗体设计视图窗口

图 2-6 所示的内容，是利用窗体视图打开数据窗体的工作窗口。

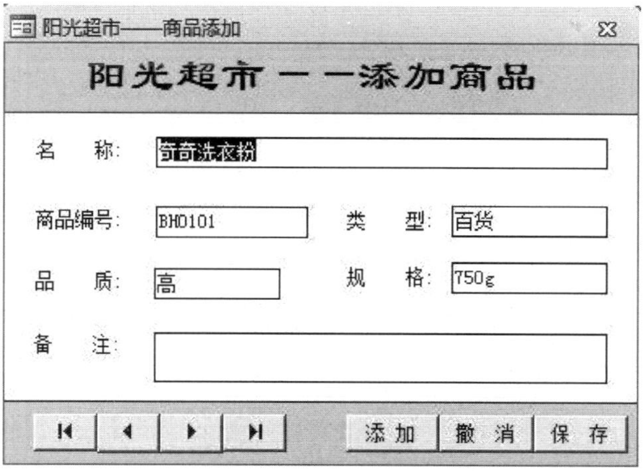

图 2-6 窗体视图窗口

2.1.4 报表

报表(Report)是数据库中数据输出的形式之一。它不仅可以将数据库中的数据进行分析并将处理的结果通过打印机输出，还可以对要输出的数据完成分类小计、分组汇总等操作。在数据库管理系统中，使用报表会使数据处理的结果多样化。

图 2-7 所示的内容，是利用报表设计视图进行报表设计的工作窗口。

图 2-7 报表设计视图窗口

图 2-8 所示的内容,是预览报表的工作窗口。

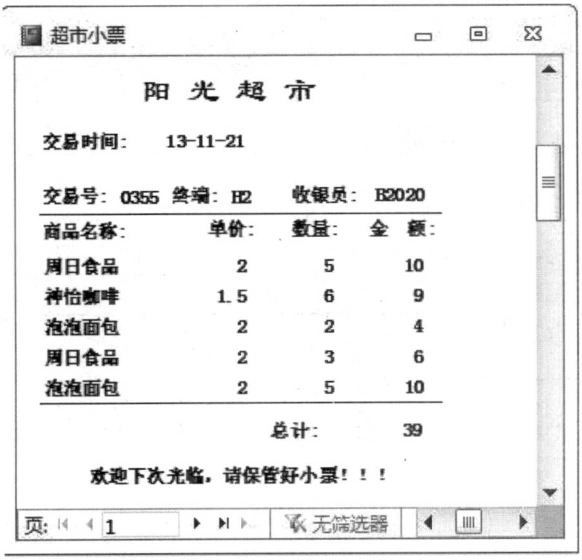

图 2-8 报表预览窗口

2.1.5 宏

宏(Macro)是数据库中的另一个特殊的数据库对象,它是一个或多个操作命令的集合,其中每个命令实现一个特定的操作。

图 2-9 所示的内容,是利用“宏设计”视图进行宏或宏组设计的工作窗口。

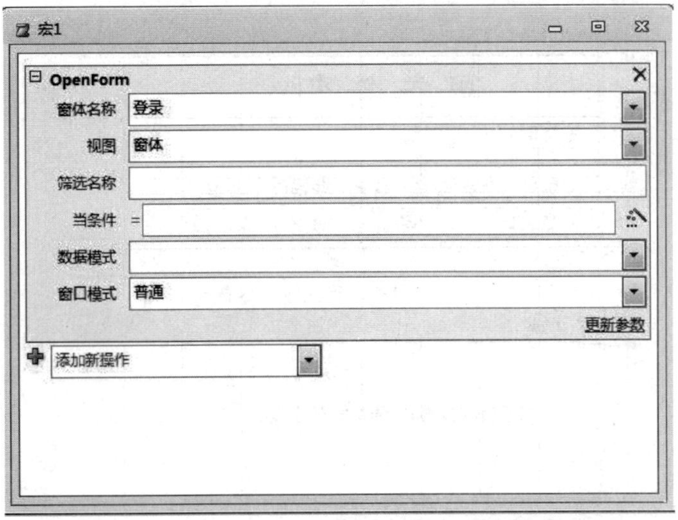

图 2-9 宏设计视图窗口

2.1.6 模块

模块(Module)是由 Visual Basic 程序设计语言编写的程序集合,或一个函数过程。它通过嵌入在 Access 中的 Visual Basic 程序设计语言编辑器和编译器,实现与 Access 的完美结合。

图 2-10 所示的是利用模块设计器,编辑 Visual Basic 程序设计代码的窗口。

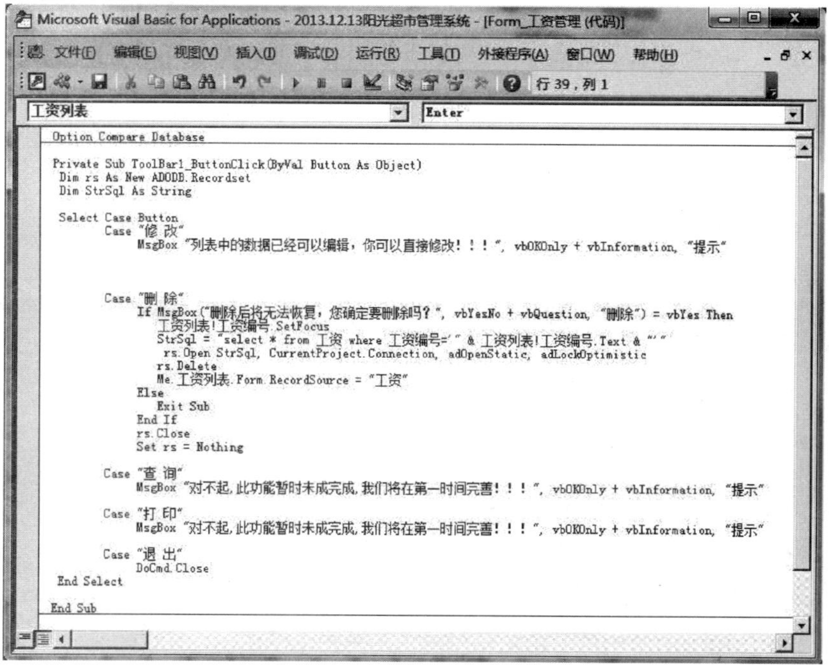

图 2-10 Visual Basic 程序编辑窗口

因为模块是基于 Visual Basic 程序设计语言创建的,如果要使用模块这一数据库对象,就要对 Visual Basic 程序设计语言有一定程度的了解。

有关 Visual Basic 程序设计语言的使用方法,因受篇幅的限制,本书将只作扼要地介绍,希望读者进一步参考有关书籍。

当然,模块只是提供了一种便捷的数据库使用方法和途径,因此不熟悉 Visual Basic 程序设计语言的用户也不必担心,在 Access 中,不使用模块仍可完成 Access 数据库应用系统的开发。

2.2 数据库的创建

在 Access 系统中,可以使用创建空数据库方法创建一个空数据库文件,也可以使用模板创建一个与模板文件相近的数据库文件。

2.2.1 直接创建空数据库

1. 实验目的

熟悉 Access 创建数据库的工作环境,掌握创建数据库以及数据库选项卡中的操作功能区选项的使用方法,了解数据库对象的工作环境。

2. 实验题目

创建一个空数据库,将其命名为“阳光超市管理系统”。

3. 操作步骤

操作步骤如下。

(1) 启动 Access,进入 Access 系统首页窗口。

(2) 在 Access 系统首页窗口,单击“空数据库”图标,打开创建空数据库窗口,如图 2-11 所示。

图 2-11 创建空数据库窗口

(3) 在创建空数据库窗口中,单击“创建”按钮,进入 Access 系统窗口,如图 2-12 所示。

(4) 在 Access 系统窗口中,首先,关闭所有数据库对象,然后,打开“文件”菜单。

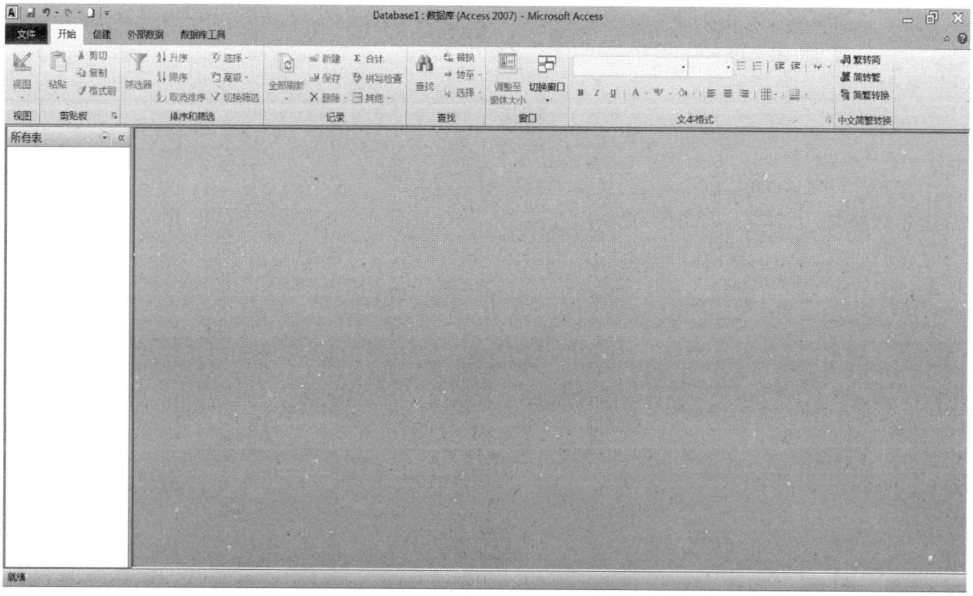

图 2-12 Access 系统窗口

(5) 在“文件”菜单下，选择“保存并发布”命令，进入“数据库另存为”窗口，如图 2-13 所示。

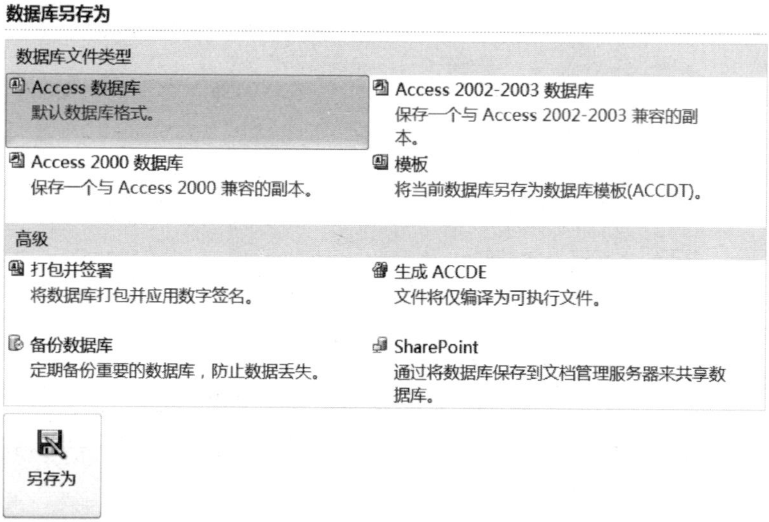

图 2-13 “数据库另存为”窗口

(6) 在“数据库另存为”窗口，单击“另存为”按钮，打开“另存为”对话框，如图 2-14 所示。

图 2-14 “另存为”对话框

(7) 在“另存为”对话框，首先，确定数据库的文件名、数据库的保存位置(阳光超市管理系统)，然后，单击“保存”按钮，一个空数据库的创建工作就完成了，如图 2-15 所示。

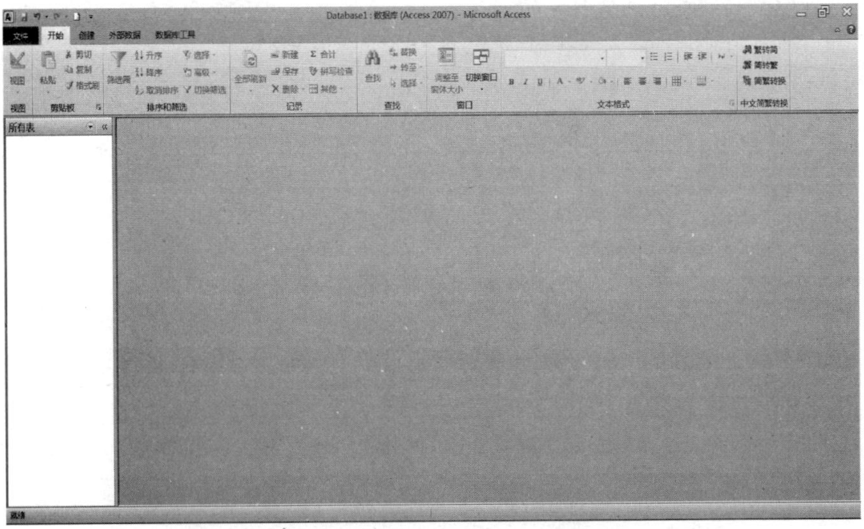

图 2-15 阳光超市管理系统数据库

(8) 在 Access 系统窗口，利用新数据库，了解数据库对象的工作环境。

2.2.2 利用模板创建数据库

1. 实验目的

熟悉 Access 创建数据库工作环境，掌握利用模板创建数据库的操作方法。

2. 实验题目

利用数据库模板创建一个数据库，将其命名为“联系人”。

3. 操作步骤

(1) 启动 Access，进入 Access 系统首页窗口。

(2) 在 Access 系统首页窗口，单击“空数据库”图标，进入创建空数据库窗口，如图 2-16 所示。

图 2-16 创建空数据库窗口

(3) 在创建空数据库窗口，单击“样本模板”图标，进入到可用模板窗口，如图 2-17 所示。

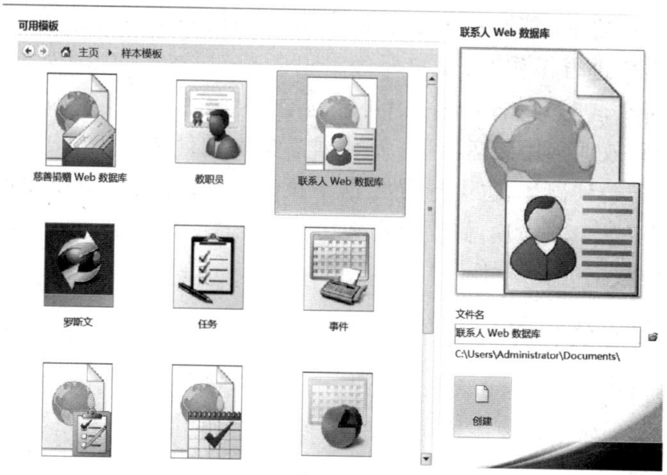

图 2-17 “可用模板”窗口

(4) 在可用模板窗口，单击联系人图标，再单击“创建”按钮。一个包含多个数据库对象的数据库(联系人 Web 数据库)创建完成，如图 2-18 所示。

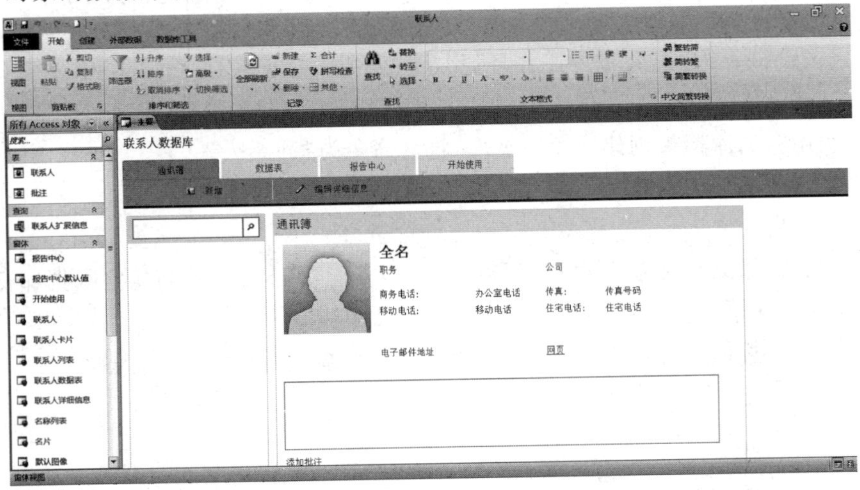

图 2-18 联系人 Web 数据库

(5) 保存数据库对象，保存数据库。

微视频 2-1
Access 创建数据库

2.3 使用数据库

在 Access 中，数据库文件要经常被打开或被关闭，这也是数据库最基本的操作。

数据库建立完成后，不仅要使用它，同时也要对数据库进行适时的维护，而使用和维护数据库之前，必须要把数据库“打开”，使用完毕要正常“关闭”。

在对数据库进行操作时，用户要经常不断地对数据库中的对象进行增加、修改、删除等操作，这时数据库文件中可能包含相应的“碎片”，数据库文件变得很大，导致不能有效地利用磁盘空间，使数据库文件的使用率下降。另外，数据库在使用过程中，若遭到破坏，也会导致数据不正确。压缩、修复数据库可以重新整理数据库，消除磁盘中的碎片，修复遭到破坏的数据库，从而提高数据库的使用效率，保证数据库中数据的正确性。

2.3.1 数据库的打开与关闭

1. 实验目的

熟悉 Access 使用数据库工作环境，掌握打开数据库的操作方法。

2. 实验题目

打开已创建的数据库(联系人 Web 数据库)，并正常关闭。

3. 操作步骤

（1）打开“开始”菜单，启动 Access，进入 Access 系统首页窗口。

（2）在 Access 系统首页窗口，选择“文件”→“打开”命令，进入“打开”对话框，如图 2-19 所示。

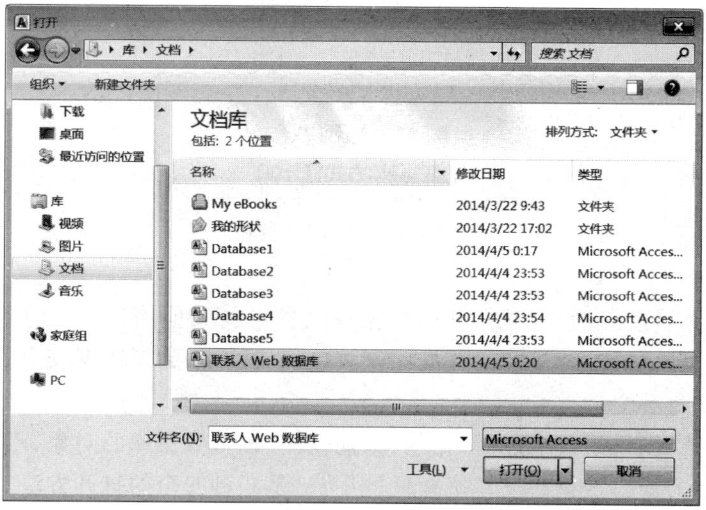

图 2-19 “打开”对话框

（3）在“打开”对话框中的查找范围下拉框中，选定存放数据库文件的文件夹，在“文件名”文本框中输入要打开的数据库文件名，单击“打开”按钮，数据库文件将被打开，进入 Access 系统窗口，如图 2-20 所示。

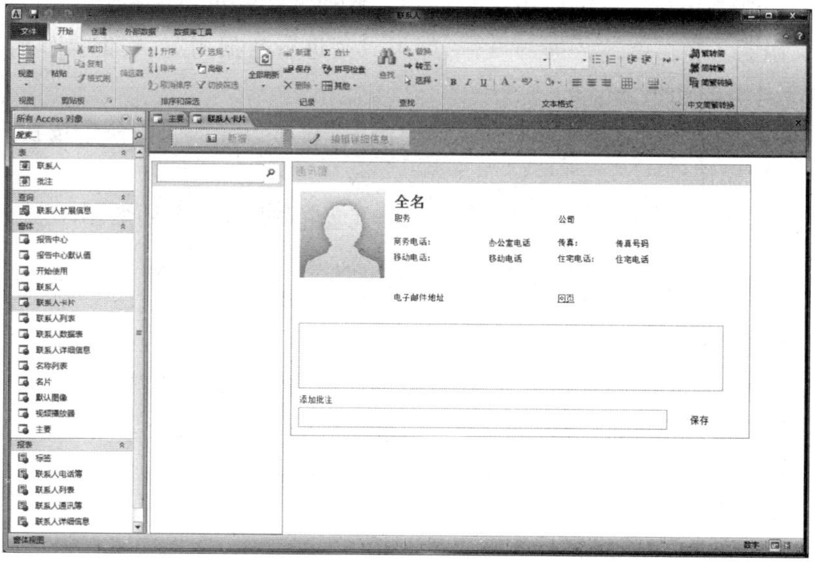

图 2-20 打开数据库示例

注意:在“打开”对话框中“打开”按钮的右侧,有一个向下箭头,单击它将弹出一个菜单,如图2-21所示。

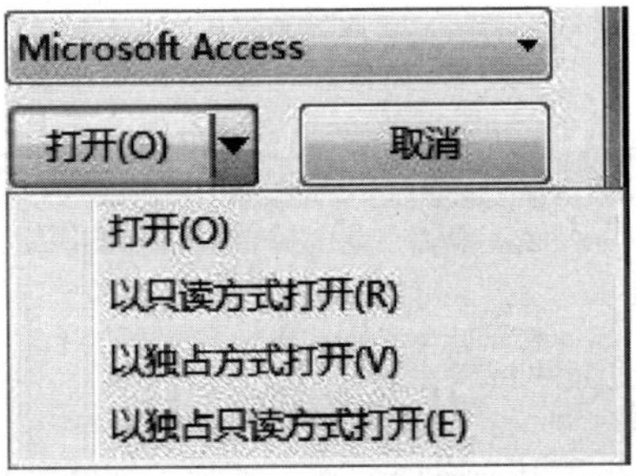

图2-21 “打开”按钮

① 选择“打开”命令,被打开的数据库文件可与其他用户共享,这是默认的数据库文件打开方式。若用户的数据库安放在局域网中,为了数据安全,最好不要采用这种方式打开文件。

② 选择“以只读方式打开”命令,只能使用、浏览数据库的对象,不能对其进行修改。这种方式对数据库操作级较低的用户,是一种安全的打开方法。

③ 选择“以独占方式打开”命令,其他用户不可以使用该数据库。这种方式既可以屏蔽其他用户操纵数据库,又为自己提供了修改数据的环境,是一种常用的数据库文件打开方式。

④ 选择“以独占只读方式打开”命令,只能使用、浏览数据库的对象,不能对其进行修改,其他用户不可以使用该数据库。这种方式既可以屏蔽其他用户操作数据库,又限制了自己修改数据的操作,如果只是进行数据浏览、查询操作时常使用这种数据库文件打开方式。

(4) 在Access系统窗口,用户可根据需要,利用功能区中的命令按钮,对数据库进行各种操作。

(5) 在Access系统窗口,单击标题栏中的×按钮,可以关闭数据库。

微视频2-2
Access使用数据库

2.3.2 数据库的压缩及修复

1. 实验目的

熟悉Access的主要工作环境,掌握数据库压缩及修复的方法。

2. 实验题目

压缩及修复数据库(阳光超市管理系统)。

3. 操作步骤

(1) 打开数据库(阳光超市管理系统)。

(2) 在Access系统窗口,打开“文件”选项卡,如图2-22所示。

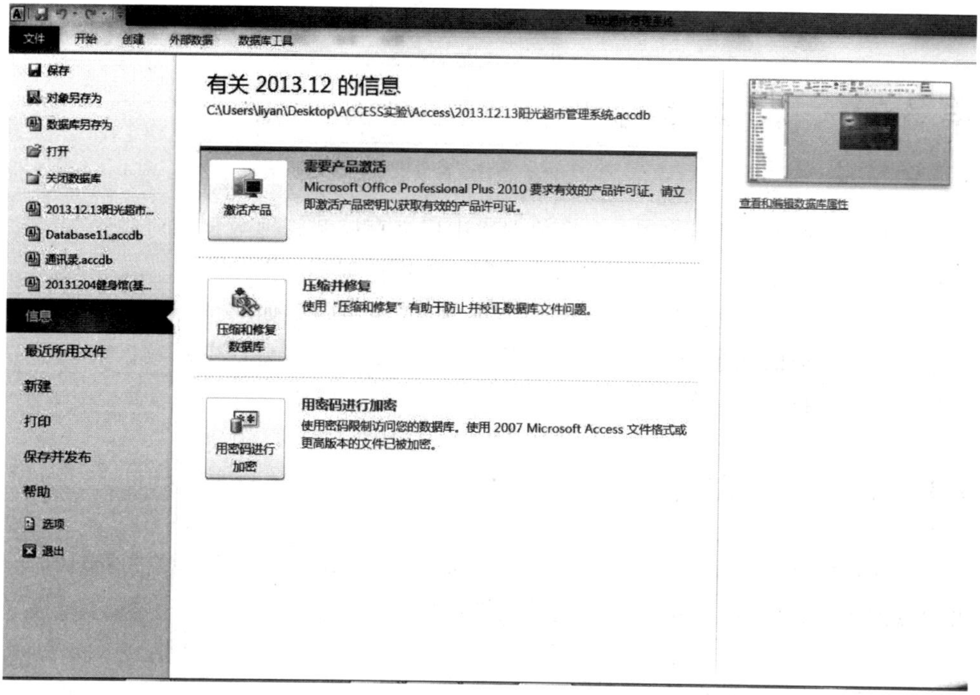

图 2-22 压缩并修复数据库

（3）在“文件”选项卡中，选择“信息”→“压缩并修复”命令，开始对数据库文件进行压缩及修复。

第 3 章　表操作

在关系数据库管理系统中,表是数据库中用来存储和管理数据的对象,它是整个数据库系统的基础,也是数据库其他对象的操作依据。

在 Access 中,大量的数据都存储在表中,表的使用效果如何,取决于表结构的设计。表中数据的冗余度、共享性及完整性的高低,直接影响着表中数据的质量,也制约着其他数据库对象的设计及使用。

3.1　表及表的定义

Access 数据库中的表不是独立的表,是面向系统的具有关联关系的多个数据表的数据集合,其关联关系可依赖关系主键和外键。

在创建表之前,要根据实际问题的需求进行调查分析,规划和设计一个满足需求的,并且满足关系模型特性的表。

在 Access 中,设计表要对以下内容进行定义。

(1) 表的名字。

(2) 表中有几个字段。

(3) 每个字段的属性(字段名、字段类型、字段长度)。

(4) 确定索引字段。

(5) 向表输入数据。

通常把定义表名、定义表中字段的属性、定义表中字段的索引视为是对表结构的设计,把对表中数据的输入视为对表中记录的操作。

3.1.1　表的构成

在 Access 中,表必须是一个满足关系模型的二维表。

所谓二维表,就是由纵横两个坐标表示和反映某一个事物(实体)状况或信息的数据集合的关系结构。

一般地,它在纵向以栏目形式列出诸多事物(实体)的某一属性,在横向以数据记录形式列出某个事物(实体)的诸多属性。

如果将二维表的名称也算在内,那么二维表是由表名、表栏目名、表的内容三部分组成的,它反映的是某一事物(实体)集的特定信息。

表 3-1 所示内容,便是反映阳光超级市场所经营的“商品”情况的一张二

维表。

表 3-1 商品信息表

商品编号	名称	类型	品质	规格	备注
BH0101	奇奇洗衣粉	百货	高	750g	
BH0102	奇奇香皂	百货	高	125g	
BH0103	多多透明皂	百货	高	125g×4	
BH0104	多多洗发露	百货	高	400ml	
DQ0101	液晶数码电视机	电器	高	172×141×33 cm	
DQ0102	车载液晶电视机	电器	高	9 英寸	
DQ0104	彩虹数码照相机	电器	高	500 像素	
DQ0203	小小数码照相机	电器	中	300 像素	
DQ0305	MP3 播放器	电器	低	56×38×15 mm	
FZ0101	活力衬衣	纺织	高	42	
FZ0102	高贵西装	纺织	高	XXL	
FZ0203	奇胜衬衣	纺织	中	43	
HZ0101	阳光活肤润白乳	化妆	高	100g	
HZ0102	阳光香水	化妆	高	30ml	
HZ0203	绿色植物沐浴露	化妆	中	500ml	
HZ0204	男士香水	化妆	中	5ml	
HZ0305	月亮洗面奶	化妆	低	200g	
SP0101	神怡咖啡	食品	高	13g	
SP0102	周日食品	食品	高	50g	
SP0203	泡泡面包	食品	中	100g	

表 3-1 是一个以二维表的形式构成的数据集合，其表结构，是由表名、表中字段属性、表中记录三部分构成的。

(1) 表名

表名是该表存储到磁盘中的唯一标识。也可以理解为，它是用户访问数据的唯一标识。

(2) 表中字段属性

表的字段属性即表的组织形式，它包括表中的字段个数，每个字段的名称、类型、宽度及是否建立索引等。

(3) 表中记录

表的记录是表中的数据,记录的内容是表所提供给用户的全部信息。

向表输入数据就是为表中记录的每一个字段赋值。

一个表的大小,主要取决于它拥有的数据记录的多少。

表的名字及表中每个字段的名字、类型、长度构成表的结构,表的记录为表的数据,表结构一旦设计完成,表即设计完成。通常把不包含记录的表称为空表。

3.1.2 字段类型

数据是反映客观事物(实体)属性的记录,数据类型决定了它的存储和使用方式。在许多软件环境下,数据通常只分为数值型、字符型和逻辑型等基本类型,而Access系统为了使用户建立和使用数据库更加方便,除了上述基本类型外,又细化分出了更多的数据类型。在Access系统中,字段数据类型分为以下几种。

1. 文本型

文本型字段数据是Access系统的默认数据类型。它是用来存储由文字字符及不具有计算能力的数字字符组成的数据的,是最常用的字段数据类型之一。输入文本型字段的数据是由汉字和ASCII字符集中可打印字符(英文字符、数字字符、空格及其他专用字符)组成的。文本型字段数据的最大长度为255个字符,系统默认的字段长度为50个字符。

2. 备注型

备注型字段数据是用于存放较长的文本型数据的。备注型字段数据类型是文本型字段数据的特殊形式,备注型字段数据没有数据长度限制,仅受限于现有的磁盘空间,但是对备注型字段数据不能够进行排序或索引。

3. 数字型

数字型字段数据是用来存储由数字(0~9)、小数点和正负号组成的数据,是可进行计算的数据。由于数字型数据表现形式和存储形式的不同,数字型字段数据又分为整型、长整型、单精度型、双精度型等,其长度由系统设置,分别为1、2、4、8个字节。

在Access中,当确定了某一字段数据类型为数字型,Access系统默认该字段数据类型为长整型字段。

4. 日期/时间型

日期/时间型字段数据是用来存储表示日期/时间数据的。根据日期/时间型字段数据存储的数据显示格式的不同,日期/时间型字段数据又分为常规日期、长日期、中日期、短日期、长时间、中时间、短时间等类型。Access系统将日期/时间型字段数据长度设置为8个字节。

5. 货币型

货币型字段数据是用来存储货币值的。给货币型字段输入数据,不用输入货币符号及千位分隔符，Access 系统会根据所输入的数据自动添加货币符号及千位分隔符，当数据的小数部分超过两位时，Access 系统会根据输入的数据自动完成四舍五入。Access 系统将货币型字段长度设置为 8 个字节。

6. 自动编号型

自动编号型字段数据是用来存储递增数据和随机数据的。自动编号型字段数据无需输入，每增加一个新记录，Access 系统将自动编号型字段的数据自动加 1 或随机编号。用户不用给自动编号型字段输入数据，也不能够编辑自动编号型字段的数据。

Access 系统将自动编号型字段数据的长度设置为 4 个字节。

7. 是/否型

是/否型字段数据是用来存储只包含两个值的数据的。是/否型字段数据常用来表示逻辑判断结果，不能用于索引。Access 系统将是/否字段数据的长度设置为 1 个字节。

8. OLE 对象型

OLE 对象型字段数据是用于链接和嵌入其他应用程序所创建的对象的。其他应用程序所创建的对象可以是电子表格、文档、图片等。OLE 对象字段数据类型最大长度可为 1GB。

9. 超级链接型

超级链接型字段数据是用于存放超级链接地址的。

10. 查阅向导型

查阅向导字段数据是用于存放从其他表中查阅数据的。

3.1.3 表结构的定义

如果以表 3-1 中的内容建立一个表，表的结构可按如下字段属性（字段名、字段类型、字段长度）定义，如表 3-2 所示。

表 3-2 "商品"表结构

字段名	字段类型	字段长度	索引类型	备注
商品编号	文本	6	主索引	主键
名称	文本	20	—	—
类型	文本	10	—	—
品质	文本	6	—	—
规格	文本	20	—	—
备注	备注	默认值	—	—

3.2 表结构的创建与维护

在 Access 数据库中,大量的数据要存储在表中,如果用户完成了数据的收集及二维表的设计,便可以进行创建表的操作。在 Access 中,表的创建与维护,实质上就是定义表结构和维护表结构。

(1) 数据表视图创建表

(2) 表向导创建表

(3) 设计视图创建表

(4) 导入表创建表

(5) 链接表创建表

3.2.1 使用表设计视图创建表

1. 实验目的

熟悉表设计视图工作环境,掌握使用表设计视图进行表结构定义的操作方法。

2. 实验题目

创建数据表(员工)。

根据员工表结构的设计,利用表设计视图创建表,如表 3-3 所示。

表 3-3 员工表结构

字段名	字段类型	字段长度	索引	备注
员工编号	文本	6	有(无重复)	主键
姓名	文本	10	—	—
性别	文本	2	—	—
年龄	数字	整型	—	—
民族	文本	10	—	—
电话	文本	20	—	—
住址	文本	50	—	—
照片	OLE 对象	默认值	—	—
部门编号	文本	2	—	外键
备注	备注	默认值	—	—

3. 操作步骤

(1) 打开数据库(阳光超市管理系统)。

(2) 在 Access 系统窗口中,选择“创建”选项卡,单击“表设计”按钮,打开表设计窗口,如图 3-1 所示。

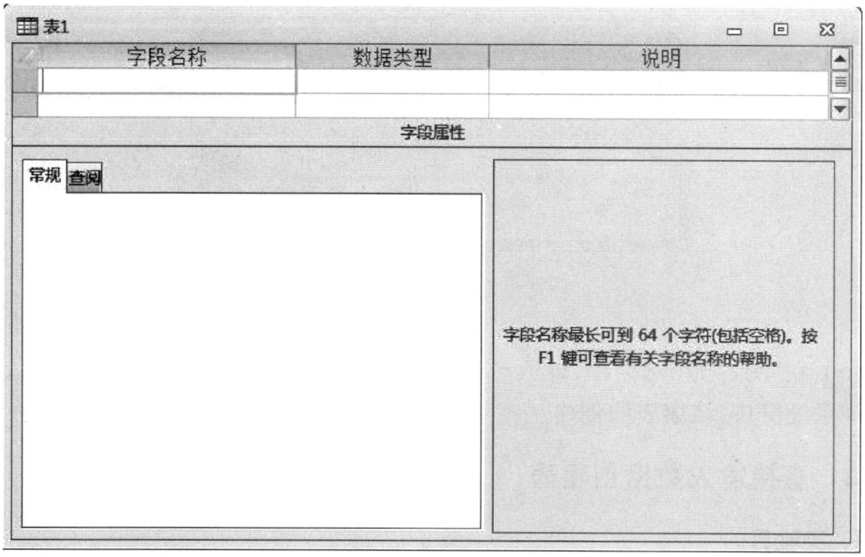

图 3-1 表设计窗口

(3) 在表设计窗口,依次输入每个字段的相关参数(参见表 3-3),如图 3-2 所示。

图 3-2 表结构的定义

(4) 在 Access 系统窗口,选择“文件”选项卡,选择“对象另存为”选项,打开“另存为”对话框,如图 3-3 所示。

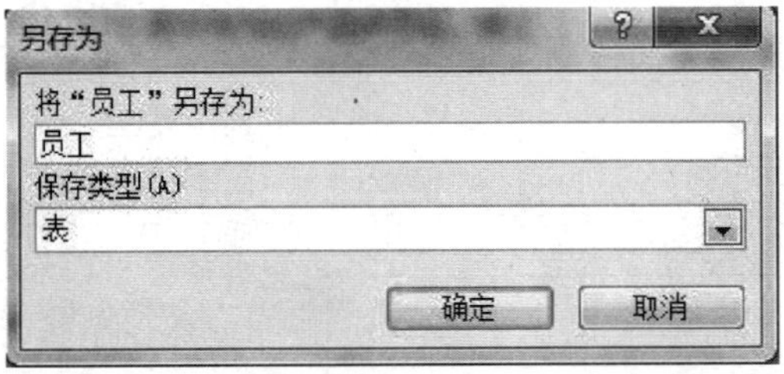

图 3-3 “另存为”对话框

(5) 在“另存为”对话框,输入创建表的名称(员工),单击“确定”按钮,返回 Access 系统窗口,结束表的创建。

3.2.2 直接输入数据创建表

1. 实验目的

熟悉创建表的工作环境,了解直接输入数据的操作方法。

2. 实验题目

创建数据表(部门)。

根据部门数据表(如表 3-4 所示),利用“直接输入数据”的操作方法创建“部门”表,如表 3-5 所示。

表 3-4 部门数据表

部门编号	部门名称	负责人	员工人数	部门电话	备注
A1	VIP 服务部	陈东东	2	86828385	—
B1	营业部	刘乐云	30	86821222	—
B2	销售部	方中正	10	86820304	—
B3	财务处	曾雯雯	6	86824511	—
C1	采购部	解晓函	8	86827171	—
C2	仓储部	余思思	5	86826698	—
C3	经营部	张小和	5	86828228	—

表 3-5 部门表结构

字段名	字段类型	字段长度	索引	备注
部门编号	文本	2	有(无重复)	主键
部门名称	文本	20	—	—
部门电话	文本	12	—	—
负责人	文本	10	—	—
员工人数	数字	默认值	—	整型
备注	备注	默认值	—	—

3. 操作步骤

(1) 打开数据库(阳光超市管理系统)。

(2) 在 Access 系统窗口,打开“创建”选项卡,单击“表”按钮,打开表浏览窗口,如图 3-4 所示。

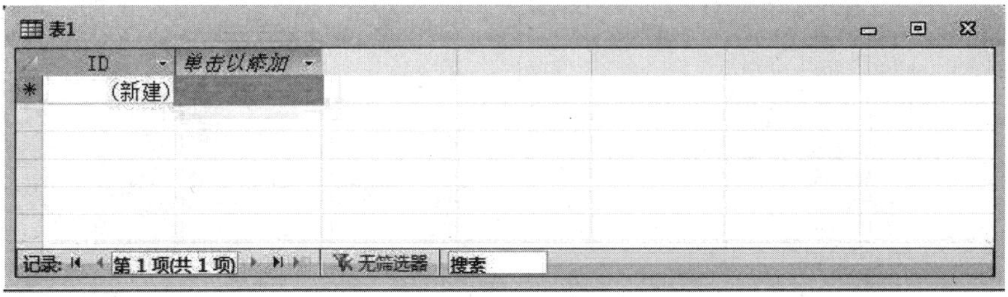

图 3-4 表浏览窗口

(3) 在表浏览窗口,依次输入某一个员工的数据,如图 3-5 所示。

图 3-5 输入数据直接创建表

(4) 在 Access 系统窗口中,选择“文件”选项卡,再选择“对象另存为”选项,打开“另存为”对话框。

(5) 在“另存为”对话框中,输入创建表的名称(部门),单击“确定”按钮,返回Access系统窗口,结束表的初步创建,如图3-6所示。

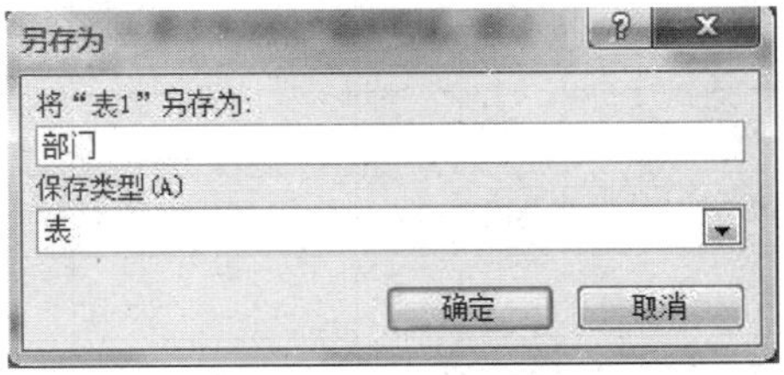

图3-6　保存“部门”表

(6) 在Access系统窗口中,选择表(部门),打开“视图”菜单,选择“设计视图”命令,打开表设计视图窗口,如图3-7所示。

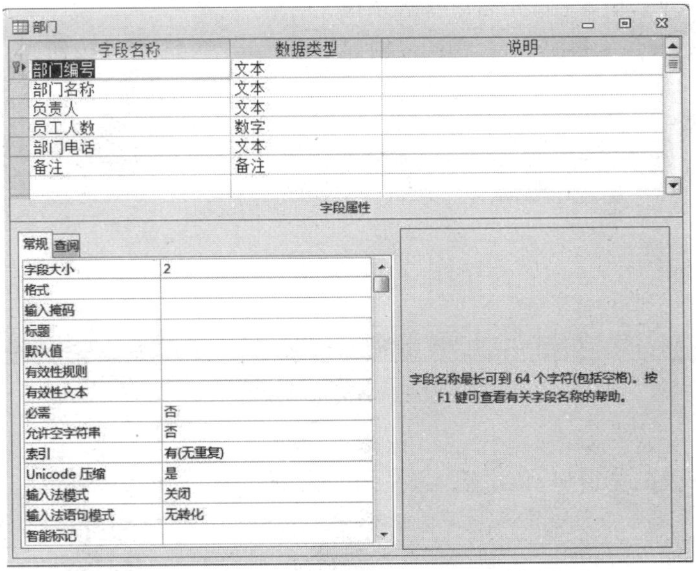

图3-7　部门表结构

(7) 在表设计视图窗口,只有要修改表(部门)结构才能结束表的创建。

微视频3-1
Access定义数据表及关联

3.2.3　修改表结构

1. 实验目的

熟悉表设计视图工作环境,掌握表设计视图对表结构进行修改的操作方法。

2. 实验题目

设置表(员工)中“性别”字段的有效规则。

3. 操作步骤

（1）打开数据库（阳光超市管理系统）。

（2）在 Access 系统窗口，右击要进行表结构维护操作的表（员工），打开快捷菜单。

（3）在快捷菜单下，选择“设计视图”命令，打开表设计窗口，如图 3-8 所示。

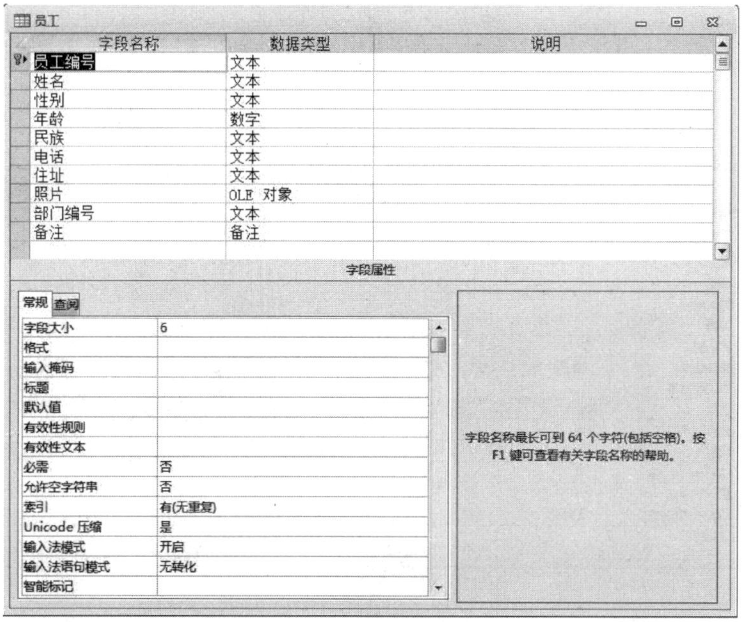

图 3-8 “员工”表结构

（4）在表设计窗口，定义员工表中“性别”字段的有效性规则，如图 3-9 所示。

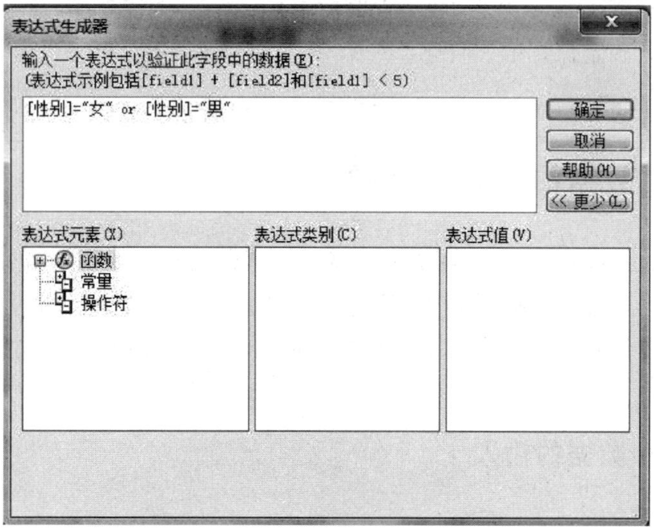

图 3-9 “性别”字段的有效性规则

（5）在“表达式生成器”对话框中，输入条件表达式（[性别]="女" Or[性别]="男"），再单击“确定”按钮，返回表设计视图窗口，如图 3-10 所示。

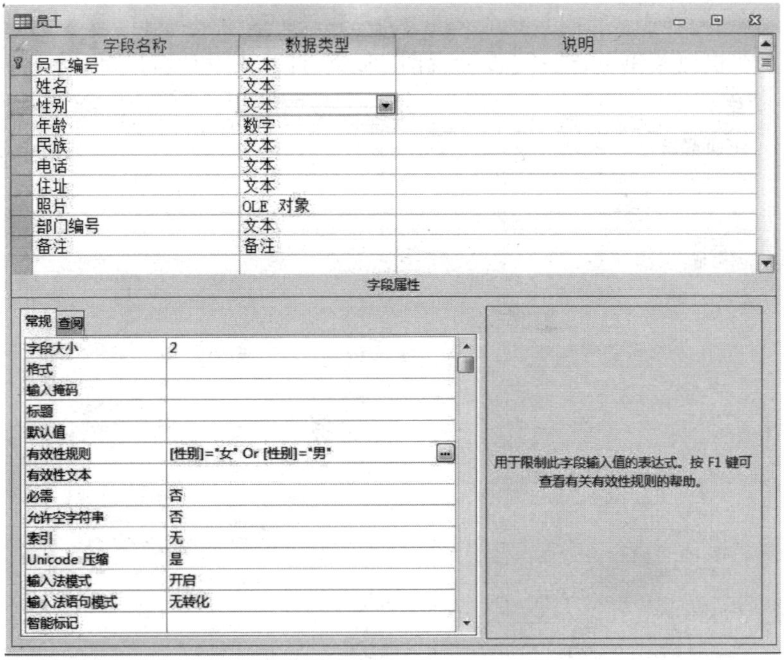

图 3-10 员工表字段已修改

（6）在表设计窗口，右击表头，在弹出的快捷菜单中选择“保存”命令，打开“另存为”对话框。或者是在“文件”选项卡中，选择“对象另存为”命令，打开“另存为”对话框，确定保存的文件名（员工）和文件类型（表），单击“确定”按钮，结束表结构的维护。

微视频 3-2
Access 数据表结构维护

3.3 表中数据的输入与维护

创建表的任务一旦完成，接着就要关注对表的操作。在这里要建立一个概念，就是表的结构及表中数据的操作，是通过表设计和表这两个不同的工作窗口完成的。表结构设计满足用户要求，面对的是如何给表输入数据以及对表中数据进行维护的操作。

3.3.1 表中数据的输入

1. 实验目的

熟悉“表”操作工作环境，了解向表输入数据的操作方法。

2. 实验题目

向表输入数据。

3. 操作步骤

(1) 打开数据库(阳光超市管理系统)。

(2) 在导航栏中,双击需要操作的表(商品)的图标,打开表窗口,如图 3-11 所示。

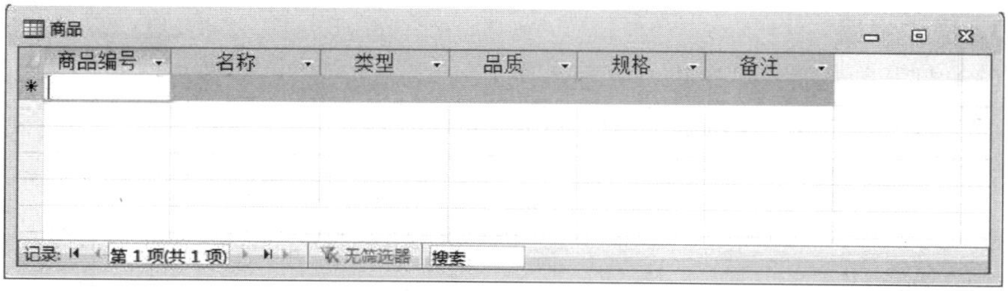

图 3-11 商品表已打开

(3) 在表窗口,依次向表(商品)中输入数据,如图 3-12 所示。

商品编号	名称	类型	品质	规格	备注
BH0101	奇奇洗衣粉	百货	高	750g	
BH0102	奇奇香皂	百货	高	125g	
BH0103	多多透明皂	百货	高	125g*4	
BH0104	多多洗发露	百货	高	400ml	
DQ0101	液晶数码电视机	电器	高	172*141*33	
DQ0102	车载液晶电视机	电器	高	9英寸	
DQ0104	彩虹数码照相机	电器	高	500像素	
DQ0203	小小数码照相机	电器	中	300像素	
DQ0305	MP3播放器	电器	低	56*38*15	
FZ0101	活力衬衣	纺织	高	42	
FZ0102	高贵西装	纺织	高	XXL	
FZ0203	奇胜衬衣	纺织	中	43	
HZ0101	阳光活肤润白乳	化妆	高	100g	
HZ0102	阳光香水	化妆	高	30ml	
HZ0203	绿色植物沐浴露	化妆	中	500ml	
HZ0305	月亮洗面奶	化妆	低	200g	
SP0101	神怡咖啡	食品	高	13g	
SP0102	周日食品	食品	低	50g	
SP0203	泡泡面包	食品	中	100g	

图 3-12 “商品”表的数据输入

(4) 在表窗口,右击表头,打开快捷菜单。

(5) 在快捷菜单下,选择“保存”命令,打开“另存为”对话框。

(6) 在“另存为”对话框,输入保存的文件名(商品),单击“确定”按钮,结束表(商品)中数据的输入。

微视频 3-3
Access数据输入

3.3.2 表中数据的修改

1. 实验目的

熟悉表操作工作环境，了解表中数据修改的操作方法。

2. 实验题目

修改表中的数据。

3. 操作步骤

（1）打开数据库（阳光超市管理系统）。

（2）打开已有表（交易），如图 3-13 所示。

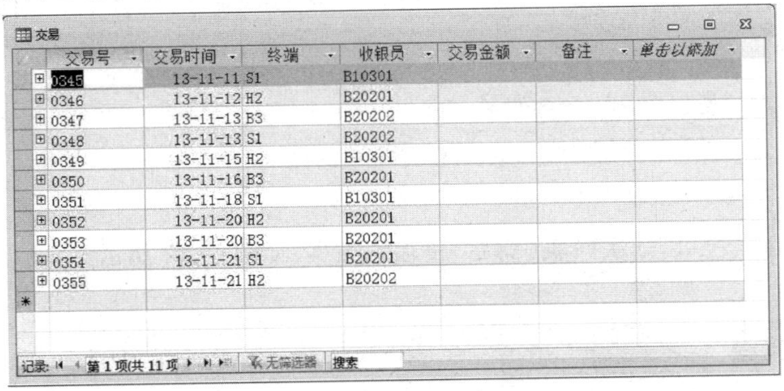

图 3-13 打开表（交易）

（3）在表窗口，单击“查找”按钮，打开“查找和替换”对话框。

（4）在“查找和替换”对话框，选择“查找”选项卡，在“查找内容”文本框内，输入要查找的数据（终端：H2），再确定查找范围和匹配条件，最后单击“查找下一个”按钮，光标将定位到第一个与查找内容相匹配的数据项的位置，如图 3-14 所示。

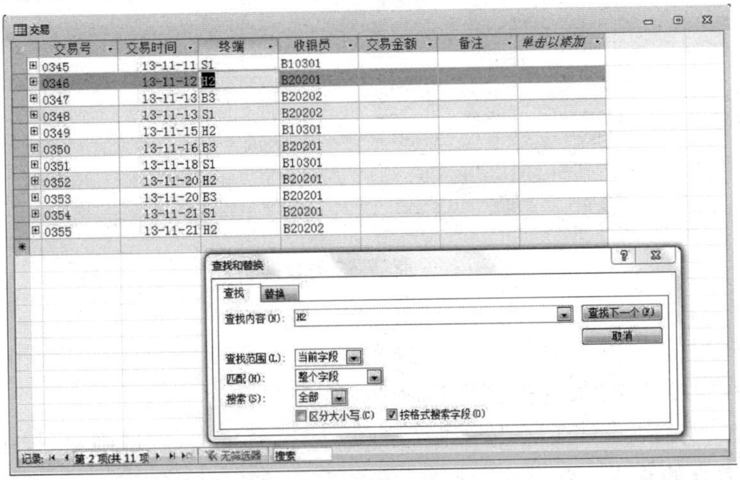

图 3-14 “查找”选项卡

(5) 在“表”窗口，可根据修改内容对表中的数据进行修改(H2 改为 H3)，如图 3-15 所示。

图 3-15 依次修改表(交易)中数据

(6) 在“查找和替换”对话框中，选择“替换”选项卡，在“查找内容”文本框内，输入要查找的数据，再在“替换值”文本框内输入要替换的数据，再确定查找范围和匹配条件，最后单击“查找下一个”按钮，光标将定位到第一个与查找内容相匹配数据项的位置，再单击“替换”按钮，该值将被修正，如图 3-16 所示。

图 3-16 “替换”选项卡

(7) 在“查找和替换”窗口，单击“全部替换”按钮，可根据修改内容对表中的数据进行修改(H3 改为 H2)，如图 3-17 所示。

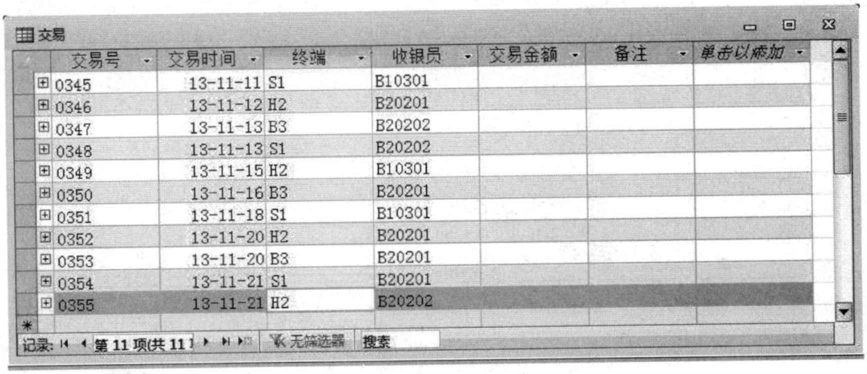

交易

交易号	交易时间	终端	收银员	交易金额	备注	单击以添加
0345	13-11-11	S1	B10301			
0346	13-11-12	H2	B20201			
0347	13-11-13	B3	B20202			
0348	13-11-13	S1	B20202			
0349	13-11-15	H2	B10301			
0350	13-11-16	B3	B20201			
0351	13-11-18	S1	B10301			
0352	13-11-20	H2	B20201			
0353	13-11-20	B3	B20201			
0354	13-11-21	S1	B20201			
0355	13-11-21	H2	B20202			

记录: 第 11 项(共 11 项)　无筛选器　搜索

图 3-17　成批修改表(交易)中数据

3.3.3　表中数据的删除

1. 实验目的

熟悉表操作工作环境,了解表中数据删除的操作方法。

2. 实验题目

删除表中的数据。

3. 操作步骤

(1) 打开数据库(阳光超市管理系统)。

(2) 打开已有表(员工),如图 3-18 所示。

员工

员工编号	姓名	性别	年龄	民族	电话	住址	照片	部门编号
A10101	陈东东	男	36	苗族	010-77884423	东三环	itmap Image	A1
B10301	刘乐云	女	36	汉族	010-75356678	西二环	itmap Image	B1
B20201	方中正	男	22	朝鲜族	010-57823456	北一环		B2
B20202	任人何	女	22	汉族	010-57828228	北二环		B2
B30201	曾雯雯	女	37	汉族	010-45672345	北三环		B3
C10201	解晓函	女	27	汉族	010-34567123	东五环		C1
C10202	霍热平	男	32	汉族	010-34564511	东二环		C1
C10203	肖淡薄	男	29	汉族	010-34564533	东一环		C1
C20401	余思思	女	23	白族	010-45612344	南四环		C2
C20402	渊思奇	男	22	汉族	010-45626692	南五环		C2
C20403	齐统消	男	25	汉族	010-45626698	南二环		C2
C30101	张小和	男	43	蒙古族	010-23450986	南一环		C3
			0					

记录: 第 1 项(共 12 项)　无筛选器　搜索

图 3-18　打开表(员工)

(3) 在表窗口,选定要删除的记录,如图 3-19 所示。

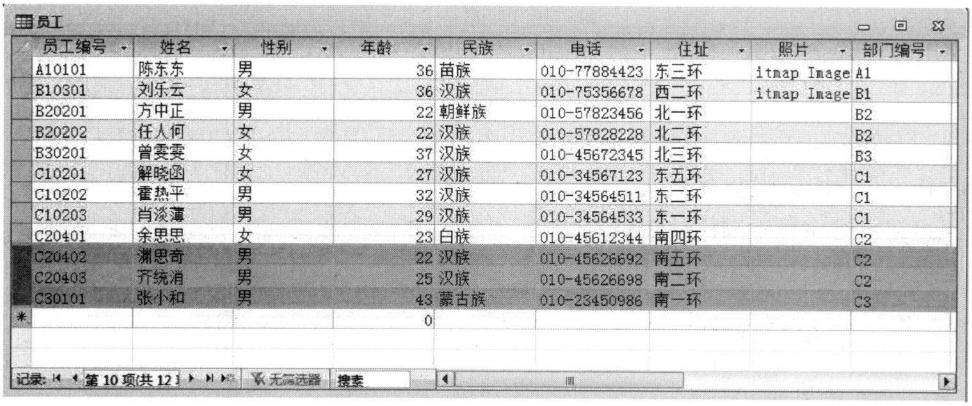

员工编号	姓名	性别	年龄	民族	电话	住址	照片	部门编号
A10101	陈东东	男	36	苗族	010-77884423	东三环	itmap Image	A1
B10301	刘乐云	女	36	汉族	010-75356678	西二环	itmap Image	B1
B20201	方中正	男	22	朝鲜族	010-57823456	北一环		B2
B20202	任人何	女	22	汉族	010-57828228	北二环		B2
B30201	曾雯雯	女	37	汉族	010-45672345	北三环		B3
C10201	解晓函	女	27	汉族	010-34567123	东五环		C1
C10202	霍热平	男	32	汉族	010-34564511	东二环		C1
C10203	肖淡薄	男	29	汉族	010-34564533	东一环		C1
C20401	余思思	女	23	白族	010-45612344	南四环		C2
C20402	渊思奇	男	22	汉族	010-45626692	南五环		C2
C20403	齐统消	男	25	汉族	010-45626698	南二环		C2
C30101	张小和	男	43	蒙古族	010-23450986	南一环		C3
*			0					

图 3-19　选定要删除的记录

（4）在表窗口右击，打开快捷菜单，选择“删除记录”命令，打开系统提示对话框，如图 3-20 所示。

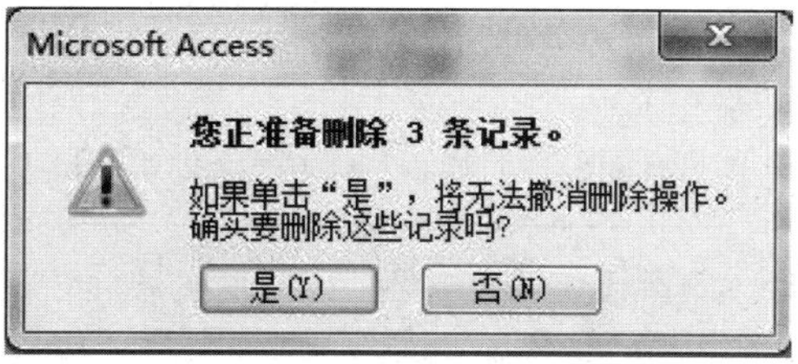

图 3-20　系统提示对话框

（5）在系统提示窗口，单击“是”按钮，则选定的记录将被删除掉，如图 3-21 所示。

员工编号	姓名	性别	年龄	民族	电话	住址	照片	部门编号
A10101	陈东东	男	36	苗族	010-77884423	东三环	itmap Image	A1
B10301	刘乐云	女	36	汉族	010-75356678	西二环	itmap Image	B1
B20201	方中正	男	22	朝鲜族	010-57823456	北一环		B2
B20202	任人何	女	22	汉族	010-57828228	北二环		B2
B30201	曾雯雯	女	37	汉族	010-45672345	北三环		B3
C10201	解晓函	女	27	汉族	010-34567123	东五环		C1
C10202	霍热平	男	32	汉族	010-34564511	东二环		C1
C10203	肖淡薄	男	29	汉族	010-34564533	东一环		C1
C20401	余思思	女	23	白族	010-45612344	南四环		C2
*			0					

图 3-21　表中数据已被删除

微视频 3-4
Access数据维护

3.4　表的使用

对表记录进行浏览、编辑操作，事实上是对当前记录进行操作。用户可对记录进行定位、快捷浏览、编辑数据，也可通过对记录进行筛选查找表中指定数据，还可通过记录排序显示顺序数据。利用记录定位、排序和筛选可快速查看、维护数据，更便捷地使用数据。

3.4.1　表中记录的定位

1. 实验目的

熟悉表操作工作环境，了解使用记录定位的方法和查看表中数据的操作方法。

2. 实验题目

定位记录查看表中数据。

3. 操作步骤

（1）打开数据库（阳光超市管理系统）。

（2）打开已有表（员工）。

（3）在表窗口，选择“查询”子工作区，打开“转至”下拉菜单，如图3-22所示。

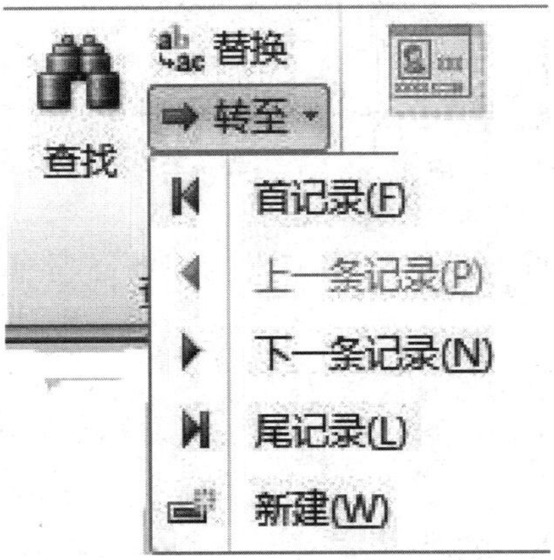

图3-22　“转至”下拉菜单

（4）有如下几个菜单命令可供选择。

① 当选择“首记录”命令时，将第一个记录定义为当前记录。

② 当选择“尾记录”命令时，将最后一个记录定义为当前记录。

③ 当选择“下一条记录”命令时，将当前记录的下一个记录定义为当前记录。

④ 当选择“上一条记录”命令时，将当前记录的上一个记录定义为当前记录。

若选择“尾记录”命令，记录指针将定位于表的最后一条记录，如图3-23所示。

员工

员工编号	姓名	性别	年龄	民族	电话	住址	照片	部门编号
A10101	陈东东	男	36	苗族	010-77884423	东三环	itmap Image	A1
B10301	刘乐云	女	36	汉族	010-75356678	西二环	itmap Image	B1
B20201	方中正	男	22	朝鲜族	010-57823456	北一环		B2
B20202	任人何	女	22	汉族	010-57828228	北二环		B2
B30201	曾雯雯	女	37	汉族	010-45672345	北三环		B3
C10201	解晓函	女	27	汉族	010-34567123	东五环		C1
C10202	霍热平	男	32	汉族	010-34564511	东二环		C1
C10203	肖淡薄	男	29	汉族	010-34564533	东一环		C1
C20401	余思思	女	23	白族	010-45612344	南四环		C2
C20402	渊思奇	男	22	汉族	010-45626692	南五环		C2
C20403	齐统消	男	25	汉族	010-45626698	南二环		C2
C30101	张小和	男	43	蒙古族	010-23450986	南一环		C3
			0					

记录: 第 12 项(共 12 项)　无筛选器　搜索

图 3-23　选择“尾记录”命令

3.4.2　表中数据的筛选

1. 实验目的

熟悉表操作工作环境,了解使用表中数据筛选的操作方法。

2. 实验题目

表中数据的筛选。

3. 操作步骤

(1) 打开数据库(阳光超市管理系统)。

(2) 打开已有表(员工)。

(3) 在表窗口,选择筛选字段,选择“排序和筛选”子工作区,单击“筛选器”按钮。

(4) 有如下几个菜单命令可供选择。

① 当选择筛选字段的数据是文本类型时,打开“文本筛选器”菜单,用户可根据需求选择相应的菜单命令,如图 3-24 所示。

② 当选择筛选字段的数据是数字类型时,打开“数字筛选器”菜单,用户可根据需求选择相应的菜单命令,如图 3-25 所示。

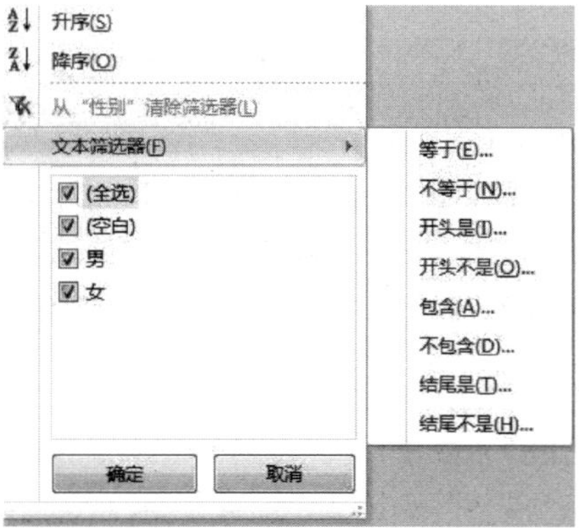

图 3-24　“文本筛选器”菜单

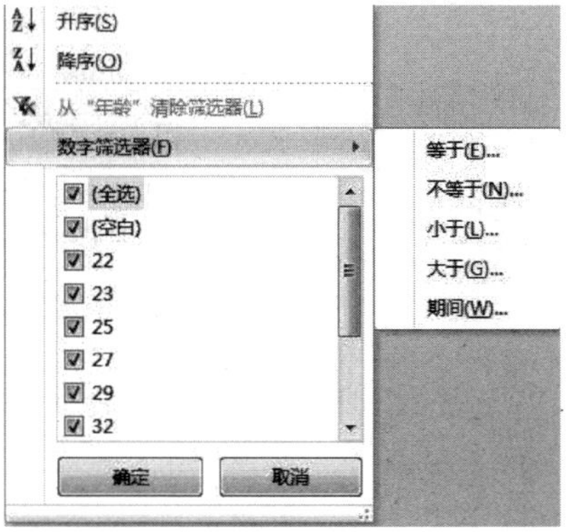

图 3-25　“数字筛选器”菜单

③ 当选择筛选字段的数据是日期类型时，打开"日期筛选器"菜单，用户可根据需求选择相应的菜单命令，如图3-26所示。

图3-26 "日期筛选器"菜单

若选择筛选字段的数据是文本类型，筛选条件为(性别="男")，其显示结果如图3-27所示。

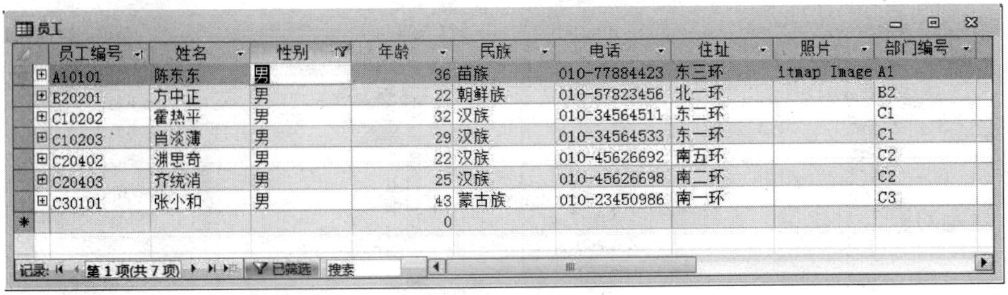

员工

员工编号	姓名	性别	年龄	民族	电话	住址	照片	部门编号
A10101	陈东东	男	36	苗族	010-77884423	东三环	itmap Image	A1
B20201	方中正	男	22	朝鲜族	010-57823456	北一环		B2
C10202	霍热平	男	32	汉族	010-34564511	东二环		C1
C10203	肖淡薄	男	29	汉族	010-34564533	东一环		C1
C20402	洲思奇	男	22	汉族	010-45626692	南五环		C2
C20403	齐统消	男	25	汉族	010-45626698	南二环		C2
C30101	张小和	男	43	蒙古族	010-23450986	南一环		C3
*			0					

记录: 第1项(共7项) 已筛选 搜索

图3-27 筛选条件数据

3.5 表间关联

在 Access 数据库中，相关联的表之间可建立“一对一”“一对多”或“多对一”的联系。两两表间若创建关联，前提是建立关联的两表要具有公共属性，同时要给该属性创建索引，由主、外键的索引类型确定两表间的关联类型。建立关联后的表，在操作中将存在父子表关联，在操作上会带来便利，同时也受到约束。

3.5.1 创建索引

1. 实验目的

熟悉表操作工作环境，了解创建索引的操作方法。

2. 实验题目

创建索引。

3. 操作步骤

(1) 打开数据库(阳光超市管理系统)。

(2) 选定表(部门)，打开表设计窗口。

(3) 在表设计窗口，选定要建立索引的字段，选择“常规”选项卡，打开“索引”下拉框，选择其中的“索引”选项，如图 3-28 所示。

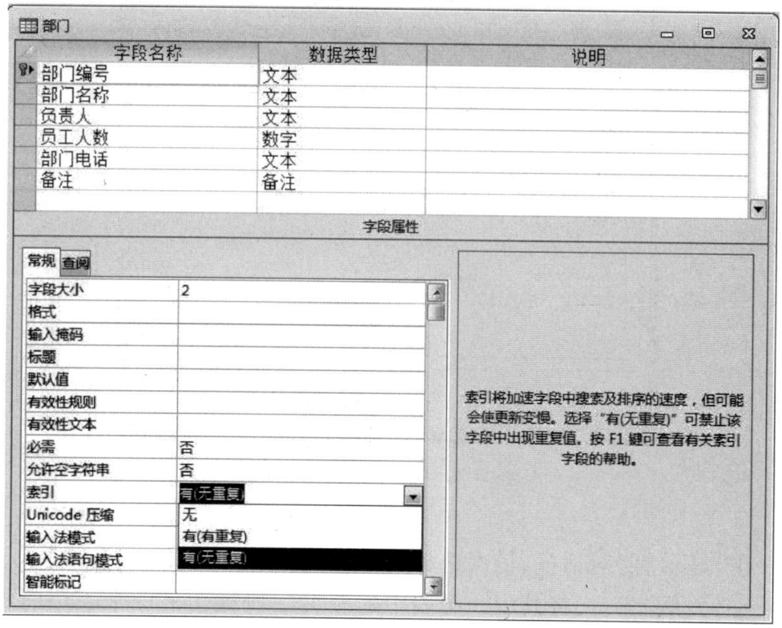

图 3-28 “索引”下拉框

① 无：表示该字段无索引。

② 有（有重复）：表示该字段有索引，且索引字段的值是可重复的。

③ 有（无重复）：表示该字段有索引，且索引字段的值是不可以重复的。

在这一窗口定义的索引字段（部门编号），其索引文件名、索引字段、排序方向都是系统根据选定的索引字段而定的，是升序排列。

（4）保存表（部门），结束索引的定义。

微视频3-5
Access创建索引

3.5.2　创建表间关联

1. 实验目的

熟悉表操作工作环境，了解创建表间关联的操作方法。

2. 实验题目

创建表间关联。

3. 操作步骤

（1）打开数据库（阳光超市管理系统）。

（2）在Access系统窗口，打开“数据库工具”选项卡，单击“关系”按钮，打开“显示表”对话框，如图3-29所示。

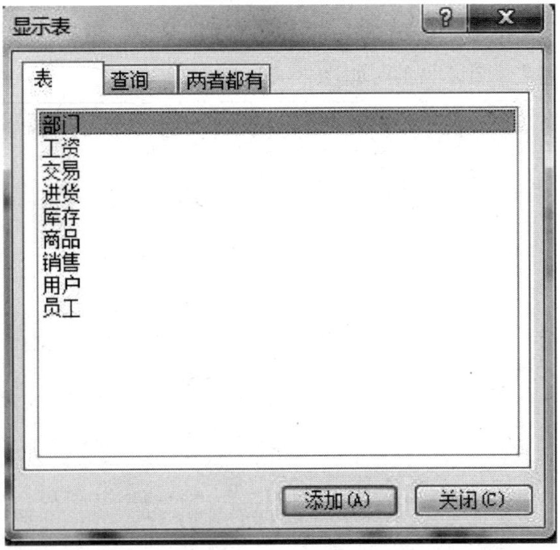

图3-29　“显示表”对话框

（3）在“显示表”对话框，依次选择所需要表，添加到“关系”窗口中。

（4）在“关系”窗口，将其中一个表中的相关字段拖至另一个表中的相关字段的位置，编辑关系。

（5）重复多次，多表间便建立了关联关系，如图3-30所示。

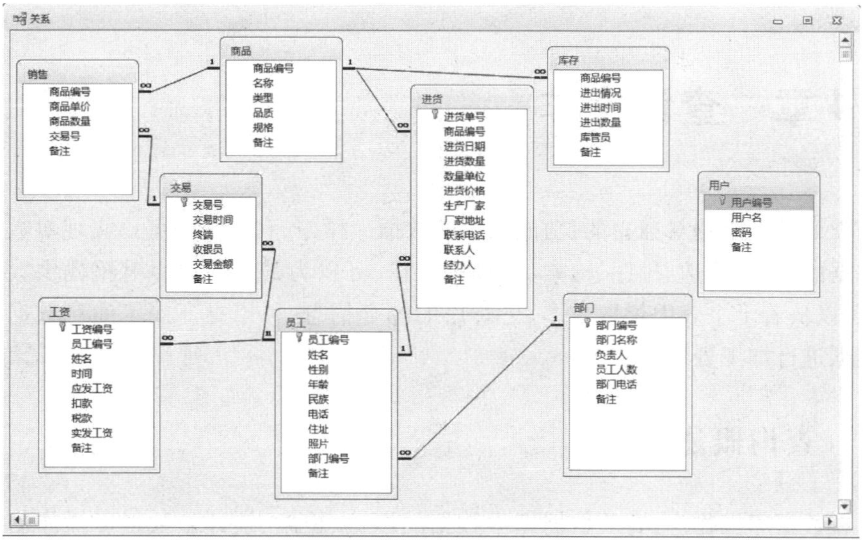

图 3-30 “关系”窗口

(6) 保存数据库,结束数据库中表间关联关系的建立。

3.5.3 父子表的使用

微视频 3-6

Access 创建表间关联

1. 实验目的

熟悉表操作工作环境,了解创建表间关联的操作方法。

2. 实验题目

使用父子表。

3. 操作步骤

(1) 打开数据库(阳光超市管理系统)。

(2) 打开父表。

(3) 在表窗口,双击⊞按钮或双击⊟按钮,可以打开或关闭子表,如图 3-31 所示。

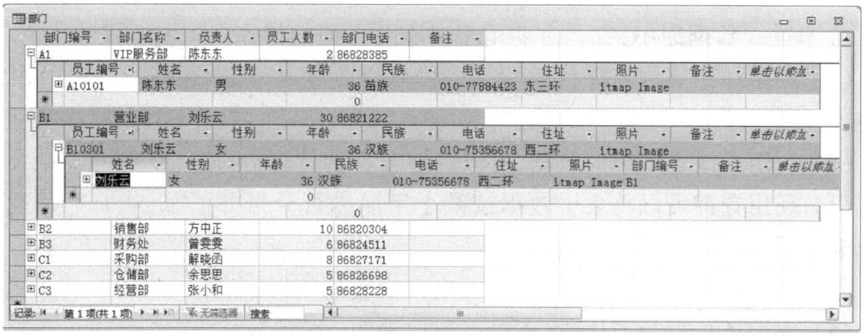

图 3-31 父子表操作

第4章　查询操作

查询是一个相对独立的、功能强大的数据库操作，利用查询可以实现对数据库中数据的浏览、筛选、排序、检索、统计等操作，可以为其他数据库对象提供数据来源，可以从若干个表中提取更多、更有用的综合信息，可以更高效率地对数据库中的数据进行加工处理。

4.1　查询概述

在数据库操作中，有关数据库中数据的浏览、检索、统计是数据库操作的主要内容。尽管在表操作中可以实现对数据的浏览、筛选、排序等操作，但是对数据库中的数据进行计算，大多要依靠查询或程序来实现。另外，为了减少数据的冗余，在进行数据库设计时，常常把一些数据分散到多个表中存储，若想将这些分散在多个表中的数据集中起来使用，通过查询来实现是最佳策略。

4.1.1　查询的作用

查询其实也是一个表，只不过它是以表或查询为数据来源的再生表，是动态的数据集合。也就是说，查询的记录集实际上并不存在，每次使用查询时，都是从查询的数据源表中创建记录集。基于这一点，查询的结果总是与数据源中的数据保持同步，只要数据源中的记录是最新的数据，每次使用查询时，将依据数据源最新的数据组织查询结果。

查询尽管是“虚”表，但它同样是数据库中为其他对象提供数据的基础数据源，事实上查询的功能要比表的功能强大得多。

在 Access 数据库中，查询主要用于以下几方面的操作。

(1) 利用一个表，或多个表，或查询，可以创建一个满足某一特定需求的数据集。

(2) 利用表或查询中的数据，可以进行数据的计算，生成新字段。

(3) 利用查询可以将表中数据按某个字段进行分组并汇总，从而更好地查看和分析数据。

(4) 利用查询可以生成新表，也可以为表追加数据。

(5) 查询还可以为窗体、报表提供数据来源。

在 Access 中，对窗体、报表进行操作时，它们的数据来源只能是一个表或一个查询,但如果为其提供数据来源的一个查询是基于多表创建的,那么其窗体、报表的数据来源就相当于多个表的数据源。

4.1.2 查询的类型

在 Access 中,主要有以下几种查询类型:选择查询、参数查询、交叉表查询、动作查询及 SQL 查询。其中,动作查询、SQL 查询必须是在选择查询的基础上创建的。

(1) 选择查询通过查询设计、查询向导创建,主要用于浏览、检索、统计数据库中的数据。

(2) 参数查询通过查询设计创建,在运行查询时,定义参数,可创建动态查询结果,以便更多、更方便地查找有用的信息。

(3) 交叉表查询通过交叉表查询向导创建,主要用于创建“电子表格显示格式”,并能进行交叉汇总。

(4) 动作查询通过查询设计创建,主要用于数据库中数据的更新、删除及生成新表,使得表中数据的维护更便利。

(5) SQL 查询通过查询设计创建,主要用于 SQL 语句创建查询。

4.1.3 查询基本操作

1. 创建查询

在 Access 中,创建查询,可以有以下几种方法。

方法一:在 Access 系统窗口,打开“创建”选项卡,单击“查询设计”按钮,利用“查询设计”创建查询,如图 4-1 所示。

方法二:在 Access 系统窗口,打开“创建”选项卡,单击“查询向导”按钮,利用查询向导创建查询。

图 4-1 “查询”功能区按钮

Access 系统提供的查询向导有如下几种。

(1) 使用“简单查询向导”,可创建指定显示格式的查询,创建查询的操作步骤,可按照简单查询向导的引导完成操作。

(2) 使用“交叉表查询向导”,可创建类似于电子表格显示格式的查询,创建查询的操作步骤,可按照交叉表查询向导的引导完成操作。

(3) 使用“查找重复查询向导”,可创建一个包含数据源中指定查找字段具有重复字段值的记录的查询,创建查询的操作步骤,可按照查找重复查询向导的引导完成操作。

(4) 使用“查找不匹配查询向导”创建查询,可创建一个包含与数据源中指定查找字段不匹配字段值记录的查询,创建查询的操作步骤,可按照查找不匹配查询向导的引导完成操作。

方法三:在 Access 系统窗口,打开“创建”选项卡,单击“查询设计”按钮,打开“查询设计”窗口,然后在“查询类型”子功能区中单击相关的查询设计按钮,可创建不同的动作查询,如图 4-2 所示。

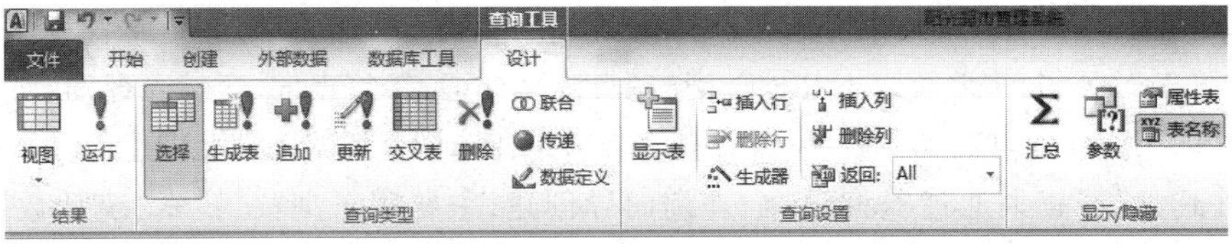

图 4-2 “查询工具”按钮

2. 运行查询

(1) 打开“查询工具”选项卡,单击“运行”按钮。

(2) 在 Access 系统窗口,右击查询对象,在打开的快捷菜单中,选择“打开”命令。

4.2 创建查询

在 Access 系统中,用户可根据具体的问题需求,创建不同的查询,保存在数据库中。

4.2.1 创建单表查询

1. 实验目的

熟悉查询设计工作环境,掌握利用查询设计视图创建单表查询的操作方法。

2. 实验题目

创建单表查询。

3. 操作步骤

(1) 打开数据库(阳光超市管理系统)。

(2) 打开已有表(员工),如图 4-3 所示。

员工

员工编号	姓名	性别	年龄	民族	电话	住址	照片	部门编号	备注
A10101	陈东东	男	36	苗族	010-77884423	东三环	itmap Image	A1	
B10301	刘乐云	女	36	汉族	010-75356678	西二环	itmap Image	B1	
B20201	方中正	男	22	朝鲜族	010-57823456	北一环		B2	
B20202	任人何	女	22	汉族	010-57828228	北二环		B2	
B30201	曾雯雯	女	37	汉族	010-45672345	北三环		B3	
C10201	解晓函	女	27	汉族	010-34567123	东五环		C1	
C10202	霍热平	男	32	汉族	010-34564511	东二环		C1	
C10203	肖淡薄	男	29	汉族	010-34564533	东一环		C1	
C20401	余思思	女	23	白族	010-45612344	南四环		C2	
C20402	渊思奇	男	22	汉族	010-45626692	南五环		C2	
C20403	齐统消	男	25	汉族	010-45626698	南二环		C2	
C30101	张小和	男	43	蒙古族	010-23450986	南一环		C3	
			0						

记录: 第 1 项(共 12 项 无筛选器 搜索

图 4-3 浏览表(员工)

（3）在 Access 系统窗口中，选择“创建”选项卡，在查询子功能区中，单击“查询设计”按钮，打开“显示表”对话框，如图 4-4 所示。

图 4-4 “显示表”对话框

（4）在“显示表”对话框中，选择所需表（员工），或者在导航栏中直接拖曳其表到查询设计窗口，如图 4-5 所示。

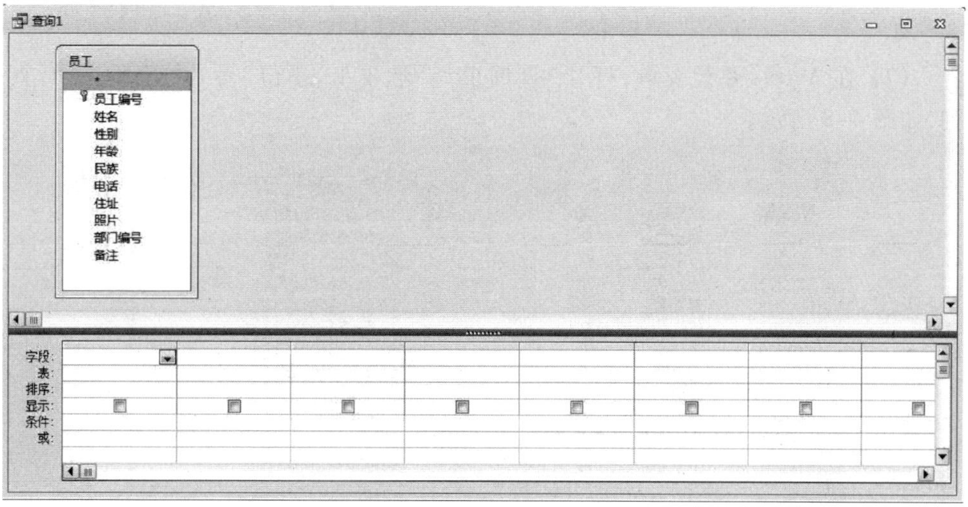

图 4-5 添加所需表（员工）

（5）在查询设计窗口中，选择查询所需的字段，如图 4-6 所示。

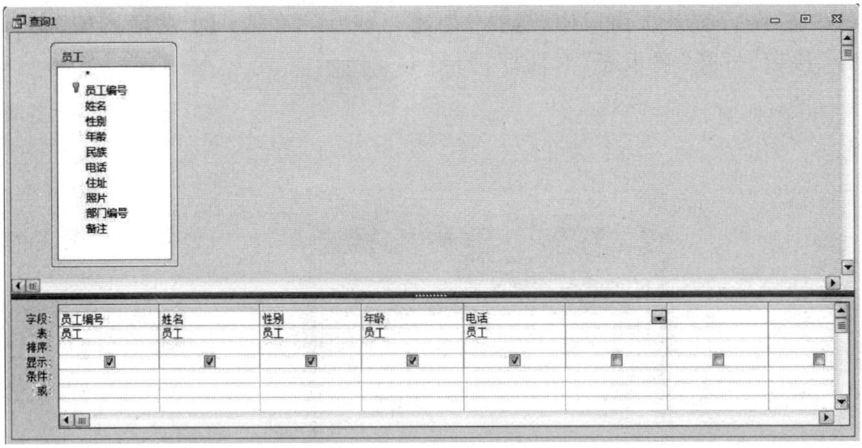

图 4-6 选择所需的字段

(6) 在 Access 系统窗口,打开“文件”选项卡,选择“保存”选项,弹出“另存为”对话框保存查询(员工信息),结束查询的创建,如图 4-7 所示。

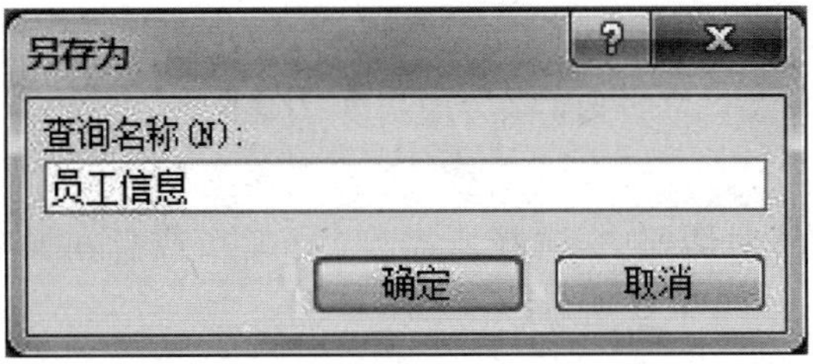

图 4-7 保存查询(员工信息)

(7) 在 Access 系统窗口,打开“查询工具”选项卡,单击“运行”按钮,运行查询,如图 4-8 所示。

图 4-8 查询结果(员工信息)

4.2.2 创建多表查询

1. 实验目的

熟悉查询设计工作环境，掌握利用查询设计视图创建多表查询的操作方法。

2. 实验题目

创建多表查询。

3. 操作步骤

(1) 打开数据库(阳光超市管理系统)。

(2) 打开已有表(商品)，如图 4-9 所示。

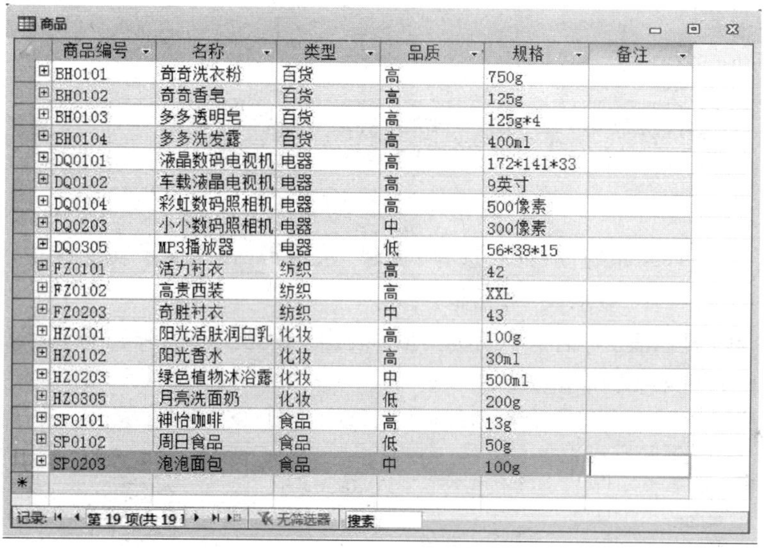

商品

商品编号	名称	类型	品质	规格	备注
BH0101	奇奇洗衣粉	百货	高	750g	
BH0102	奇奇香皂	百货	高	125g	
BH0103	多多透明皂	百货	高	125g*4	
BH0104	多多洗发露	百货	高	400ml	
DQ0101	液晶数码电视机	电器	高	172*141*33	
DQ0102	车载液晶电视机	电器	高	9英寸	
DQ0104	彩虹数码照相机	电器	高	500像素	
DQ0203	小小数码照相机	电器	中	300像素	
DQ0305	MP3播放器	电器	低	56*38*15	
FZ0101	活力衬衣	纺织	高	42	
FZ0102	高贵西装	纺织	高	XXL	
FZ0203	奇胜衬衣	纺织	中	43	
HZ0101	阳光活肤润白乳	化妆	高	100g	
HZ0102	阳光香水	化妆	高	30ml	
HZ0203	绿色植物沐浴露	化妆	中	500ml	
HZ0305	月亮洗面奶	化妆	低	200g	
SP0101	神怡咖啡	食品	高	13g	
SP0102	周日食品	食品	低	50g	
SP0203	泡泡面包	食品	中	100g	

记录: 第 19 项(共 19 项) 无筛选器 搜索

图 4-9 浏览表(商品)

(3) 打开已有表(交易)，如图 4-10 所示。

交易

交易号	交易时间	终端	收银员	交易金额	备注	单击以添加
0345	13-11-11	S1	B10301			
0346	13-11-12	H2	B20201			
0347	13-11-13	B3	B20202			
0348	13-11-13	S1	B20202			
0349	13-11-15	H2	B10301			
0350	13-11-16	B3	B20201			
0351	13-11-18	S1	B10301			
0352	13-11-20	H2	B20201			
0353	13-11-20	B3	B20201			
0354	13-11-21	S1	B20201			
0355	13-11-21	H2	B20202			

记录: 第 11 项(共 11 项) 无筛选器 搜索

图 4-10 浏览表(交易)

(4) 打开已有表(销售),如图 4-11 所示。

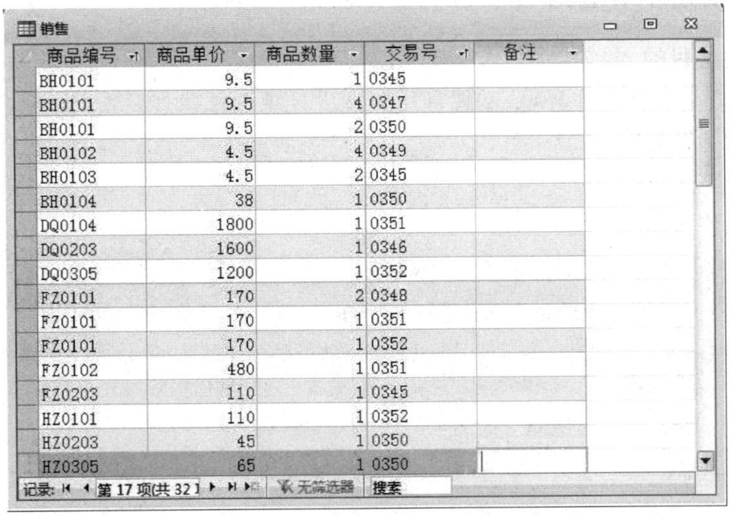

商品编号	商品单价	商品数量	交易号	备注
BH0101	9.5	1	0345	
BH0101	9.5	4	0347	
BH0101	9.5	2	0350	
BH0102	4.5	4	0349	
BH0103	4.5	2	0345	
BH0104	38	1	0350	
DQ0104	1800	1	0351	
DQ0203	1600	1	0346	
DQ0305	1200	1	0352	
FZ0101	170	2	0348	
FZ0101	170	1	0351	
FZ0101	170	1	0352	
FZ0102	480	1	0351	
FZ0203	110	1	0345	
HZ0101	110	1	0352	
HZ0203	45	1	0350	
HZ0305	65	1	0350	

图 4-11 浏览表(销售)

(5) 在 Access 系统窗口中,选择“创建”选项卡,在查询子功能区中,单击“查询设计”按钮,打开“显示表”对话框。

(6) 在“显示表”对话框中,选择所需表(商品、交易、销售),将其添加到查询设计窗口,如图 4-12 所示。

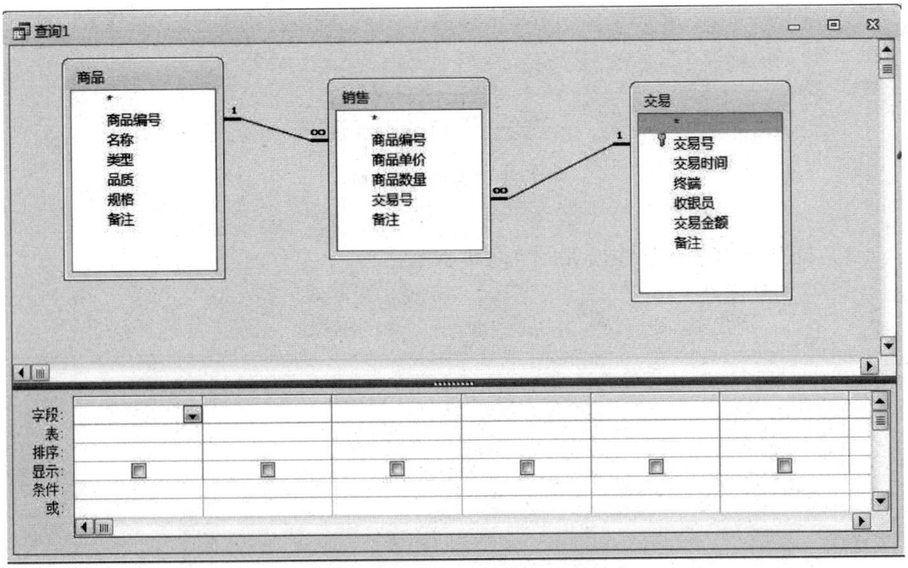

图 4-12 “查询设计”窗口

（7）在查询设计窗口的“字段”列表框中，打开“字段”下拉框，选择所需字段，如图 4-13 所示。

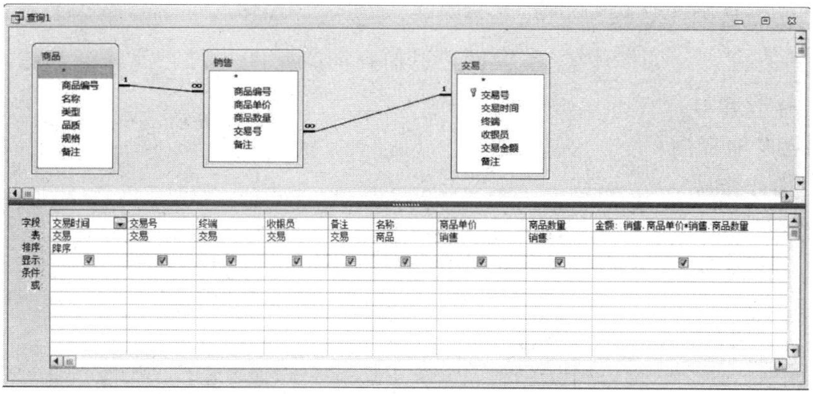

图 4-13 选择所需的字段

（8）在 Access 系统窗口，打开“文件”选项卡，选择“保存”选项，保存查询（超市小票），结束查询的创建，如图 4-14 所示。

图 4-14 保存查询（超市小票）

（9）在 Access 系统窗口，打开“查询工具”选项卡，单击“运行”按钮，运行查询，如图 4-15 所示。

图 4-15 查询结果（超市小票）

微视频 4-1
Access选择查询

4.2.3 创建追加查询

1. 实验目的

熟悉查询设计工作环境,掌握创建追加查询的操作方法。

2. 实验题目

创建追加查询。

3. 操作步骤

(1) 打开数据库(阳光超市管理系统)。

(2) 打开表(交易-S1),如图 4-16 所示。

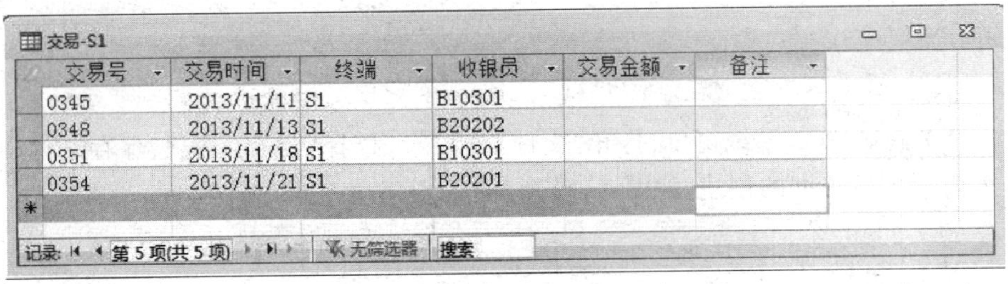
交易-S1

交易号	交易时间	终端	收银员	交易金额	备注
0345	2013/11/11	S1	B10301		
0348	2013/11/13	S1	B20202		
0351	2013/11/18	S1	B10301		
0354	2013/11/21	S1	B20201		

图 4-16 浏览表(交易-S1)

(3) 打开表(交易-B3),如图 4-17 所示。

交易-B3

交易号	交易时间	终端	收银员	交易金额	备注
0347	2013/11/13	B3	B20202		
0350	2013/11/16	B3	B20201		
0353	2013/11/20	B3	B20201		

图 4-17 浏览表(交易-B3)

(4) 在 Access 系统窗口中,选择“创建”选项卡,在“查询”子功能区中,单击“查询设计”按钮,进入“显示表”窗口。

(5) 在“显示表”对话框中,选择所需表(交易-S1),将其添加到查询设计窗口,如图 4-18 所示。

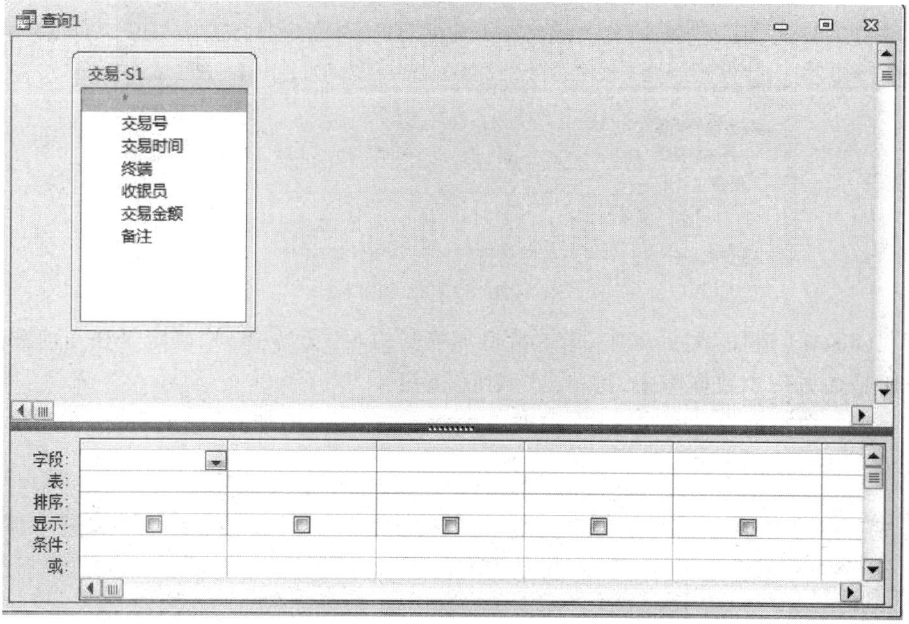

图 4-18 添加所需表(交易-S1)

(6) 在查询设计窗口中,选择查询所需的字段,如图 4-19 所示。

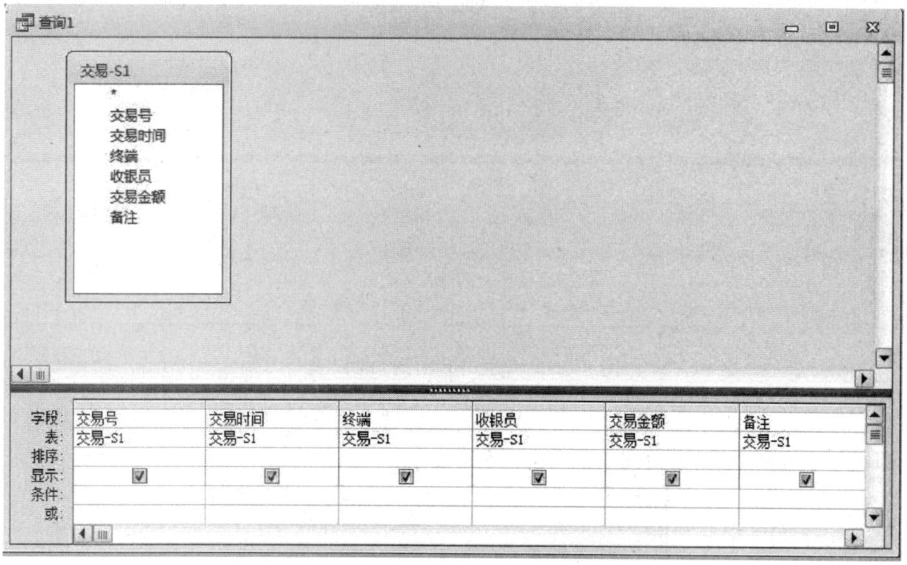

图 4-19 选择查询所需的字段

(7) 在查询设计窗口,打开“查询工具”选项卡,单击“追加”按钮,打开“追加”对话框,如图 4-20 所示。

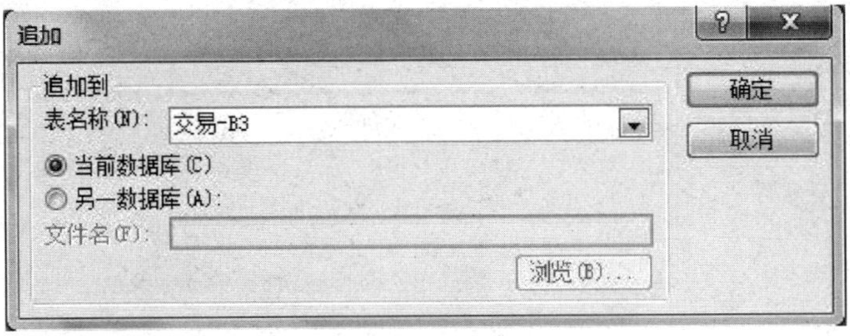

图 4-20 “追加”窗口

(8) 在“追加”对话框中,输入待追加数据的表(交易-B3),确定是在当前数据库还是在另一个数据库中,再单击“确定”按钮。

(9) 在查询设计窗口,在字段列表框中增加一个“追加到”的列表行,在该行中显示与其对应的字段名,如图 4-21 所示。

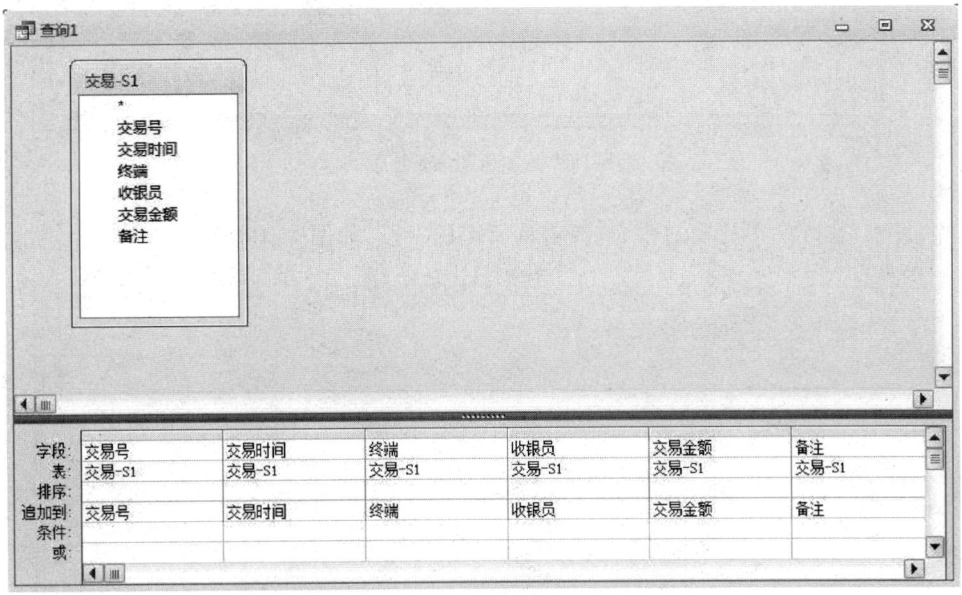

图 4-21 增加“追加到”的列表行

(10) 在 Access 系统窗口,打开“文件”选项卡,选择“保存”选项,保存查询(S1 追加 B3),结束查询的创建,如图 4-22 所示。

图 4-22 保存查询(S1 追加 B3)

(11) 在 Access 系统窗口,打开“查询工具”选项卡,单击“运行”按钮,运行查询,如图 4-23 所示。

交易-B3

交易号	交易时间	终端	收银员	交易金额	备注
0347	2013/11/13	B3	B20202		
0350	2013/11/16	B3	B20201		
0353	2013/11/20	B3	B20201		
0345	2013/11/11	S1	B10301		
0348	2013/11/13	S1	B20202		
0351	2013/11/18	S1	B10301		
0354	2013/11/21	S1	B20201		

记录: 第 8 项(共 8 项) 无筛选器 搜索

图 4-23 查询结果(S1 追加 B3)

4.2.4 创建生成表查询

1. 实验目的

熟悉查询设计工作环境,掌握创建生成表查询的操作方法。

2. 实验题目

创建生成表查询。

3. 操作步骤

(1) 打开数据库(阳光超市管理系统)。

(2) 打开表(商品),如图 4-24 所示。

商品

商品编号	名称	类型	品质	规格	备注
BH0101	奇奇洗衣粉	百货	高	750g	
BH0102	奇奇香皂	百货	高	125g	
BH0103	多多透明皂	百货	高	125g*4	
BH0104	多多洗发露	百货	高	400ml	
DQ0101	液晶数码电视机	电器	高	172*141*33	
DQ0102	车载液晶电视机	电器	高	9英寸	
DQ0104	彩虹数码照相机	电器	高	500像素	
DQ0203	小小数码照相机	电器	中	300像素	
DQ0305	MP3播放器	电器	低	56*38*15	
FZ0101	活力衬衣	纺织	高	42	
FZ0102	高贵西装	纺织	高	XXL	
FZ0203	奇胜衬衣	纺织	中	43	
HZ0101	阳光活肤润白乳	化妆	高	100g	
HZ0102	阳光香水	化妆	高	30ml	
HZ0203	绿色植物沐浴露	化妆	中	500ml	
HZ0305	月亮洗面奶	化妆	低	200g	
SP0101	神怡咖啡	食品	高	13g	
SP0102	周日食品	食品	低	50g	
SP0203	泡泡面包	食品	中	100g	

记录: 第 20 项(共 20 项) 无筛选器 搜索

图 4-24 浏览表(商品)

(3) 在Access系统窗口中,选择"创建"选项卡,在"查询"子功能区中,单击"查询设计"按钮,打开"显示表"窗口。

(4) 在"显示表"对话框中,选择所需表(商品),将其添加到查询设计窗口,如图4-25所示。

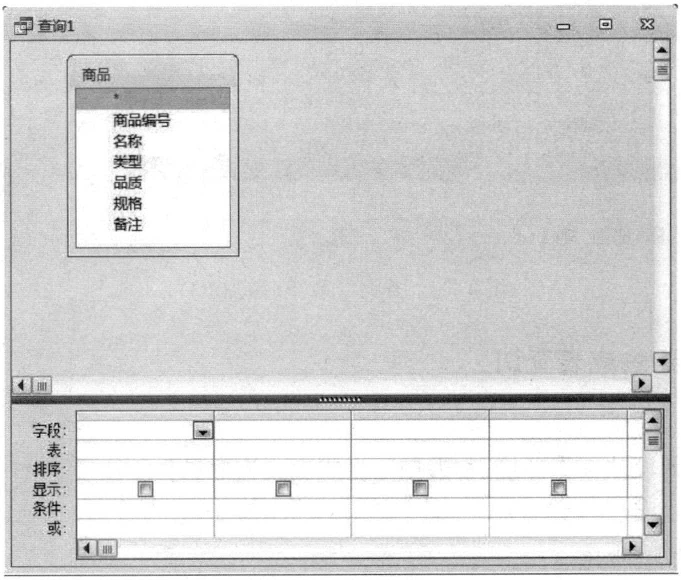

图4-25 添加所需表(商品)

(5) 在查询设计窗口中,选择查询所需的字段及其他相关参数,如图4-26所示。

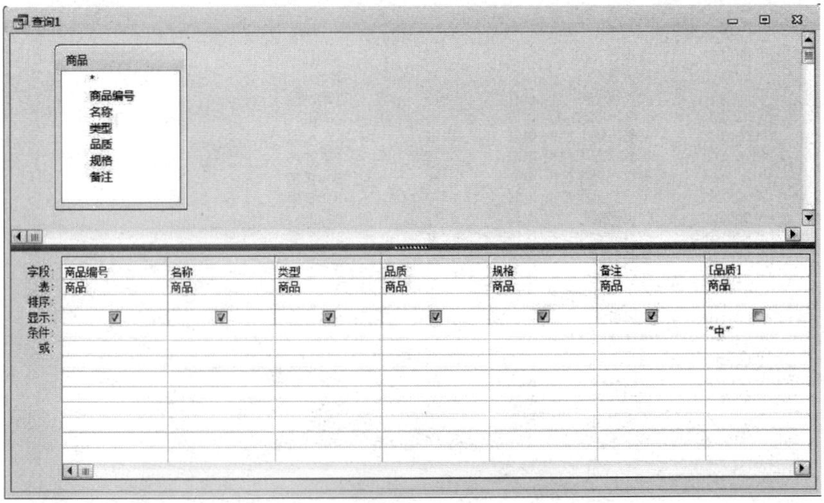

图4-26 选择所需的字段

(6) 在查询设计窗口,打开“查询工具”选项卡,单击“生成表”按钮,打开“生成表”对话框,如图 4-27 所示。

图 4-27 “生成表”对话框

(7) 在“生成表”对话框,输入生成表(中档商品),确定是在当前数据库还是在另一个数据库中,再单击“确定”按钮。

(8) 在 Access 系统窗口,打开“文件”选项卡,选择“保存”选项,保存查询(中档商品),结束查询的创建,如图 4-28 所示。

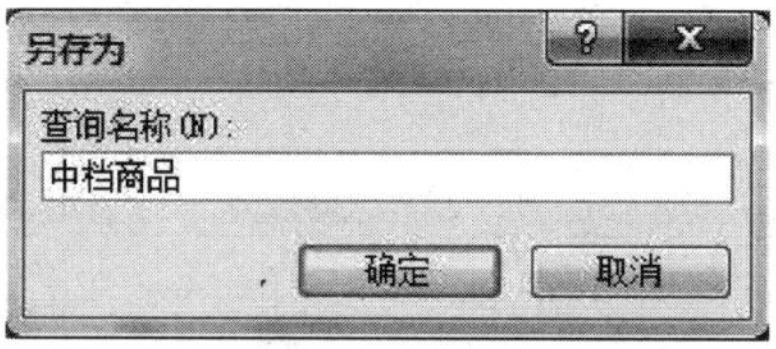

图 4-28 保存查询(中档商品)

(9) 在 Access 系统窗口,打开“查询工具”选项卡,单击“运行”按钮,运行查询,如图 4-29 所示。

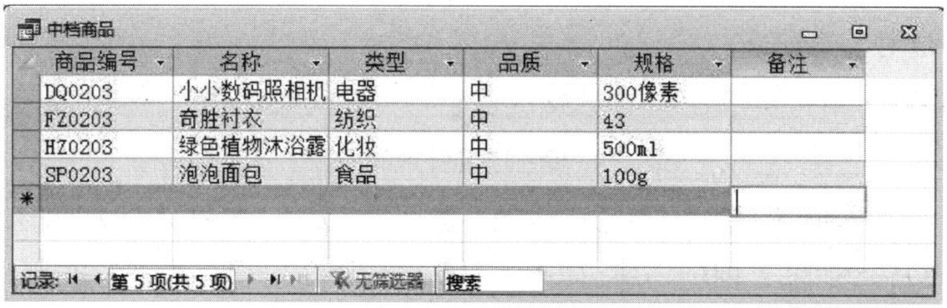

商品编号	名称	类型	品质	规格	备注
DQ0203	小小数码照相机	电器	中	300像素	
FZ0203	奇胜衬衣	纺织	中	43	
HZ0203	绿色植物沐浴露	化妆	中	500ml	
SP0203	泡泡面包	食品	中	100g	

图 4-29 浏览表(中档商品)

4.2.5 创建更新查询

微视频 4-2
Access操作查询

1. 实验目的

熟悉查询设计工作环境,掌握创建更新查询的操作方法。

2. 实验题目

创建更新查询。

3. 操作步骤

（1）打开数据库（阳光超市管理系统）。

（2）打开表（商品），参见图4-24。

（3）在Access系统窗口中，选择“创建”选项卡，在“查询”子功能区中，单击“查询设计”按钮，打开“显示表”对话框。

（4）在“显示表”对话框中，选择所需表（商品），将其添加到查询设计窗口。

（5）在查询设计窗口中，选择查询所需的字段。

（6）在查询设计窗口，打开“查询工具”选项卡，单击“更新”按钮，在字段列表框中增加一个“更新到”列表行，输入更新内容及条件，如图4-30所示。

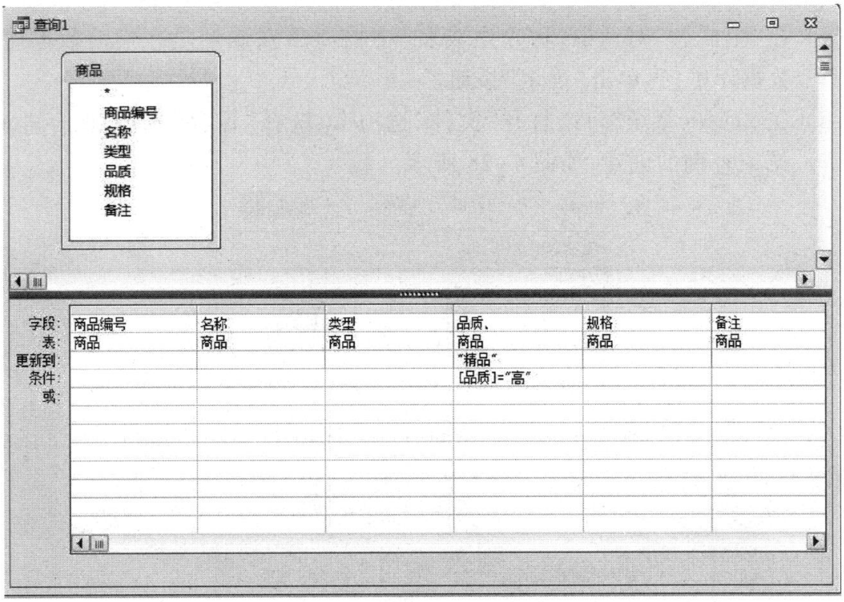

图4-30　选定所需的字段

（7）在Access系统窗口，打开“文件”选项卡，选择“对象另存为”选项，保存查询（商品更新），结束查询的创建，如图4-31所示。

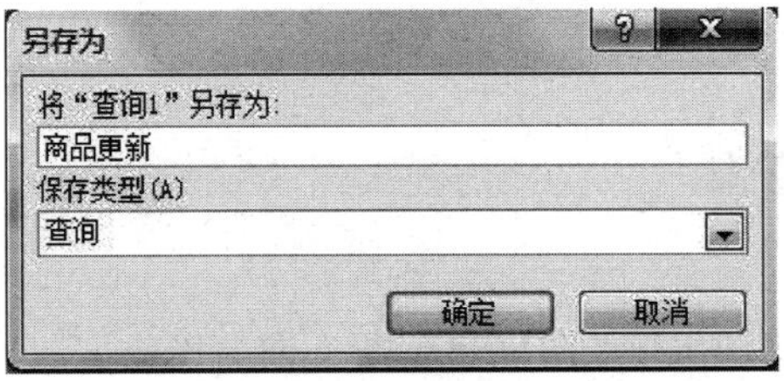

图4-31　保存查询（商品更新）

(8) 在 Access 系统窗口,打开“查询工具”选项卡,单击“运行”按钮,运行查询,如图 4-32 所示。

商品

商品编号	名称	类型	品质	规格	备注
BH0101	奇奇洗衣粉	百货	精品	750g	
BH0102	奇奇香皂	百货	精品	125g	
BH0103	多多透明皂	百货	精品	125g*4	
BH0104	多多洗发露	百货	精品	400ml	
DQ0101	液晶数码电视机	电器	精品	172*141*33	
DQ0102	车载液晶电视机	电器	精品	9英寸	
DQ0104	彩虹数码照相机	电器	精品	500像素	
DQ0203	小小数码照相机	电器	中	300像素	
DQ0305	MP3播放器	电器	低	56*38*15	
FZ0101	活力衬衣	纺织	精品	42	
FZ0102	高贵西装	纺织	精品	XXL	
FZ0203	奇胜衬衣	纺织	中	43	
HZ0101	阳光活肤润白乳	化妆	精品	100g	
HZ0102	阳光香水	化妆	精品	30ml	
HZ0203	绿色植物沐浴露	化妆	中	500ml	
HZ0305	月亮洗面奶	化妆	低	200g	
SP0101	神怡咖啡	食品	精品	13g	
SP0102	周日食品	食品	低	50g	
SP0203	泡泡面包	食品	中	100g	

图 4-32 查询结果(商品更新)

4.2.6 创建参数查询

1. 实验目的

熟悉查询设计工作环境,掌握创建参数查询的操作方法。

2. 实验题目

创建参数查询。

3. 操作步骤

(1) 打开数据库(阳光超市管理系统)。

(2) 打开表(交易),参见图 4-10。

(3) 打开表(销售),参见图 4-11。

(4) 在 Access 系统窗口中,选择“创建”选项卡,在“查询”子功能区中,单击“查询设计”按钮,打开“显示表”对话框。

(5) 在“显示表”对话框中,选择所需表(交易、销售),将其添加到查询设计窗口。

(6) 在查询设计窗口中,选择查询所需的字段,如图 4-33 所示。

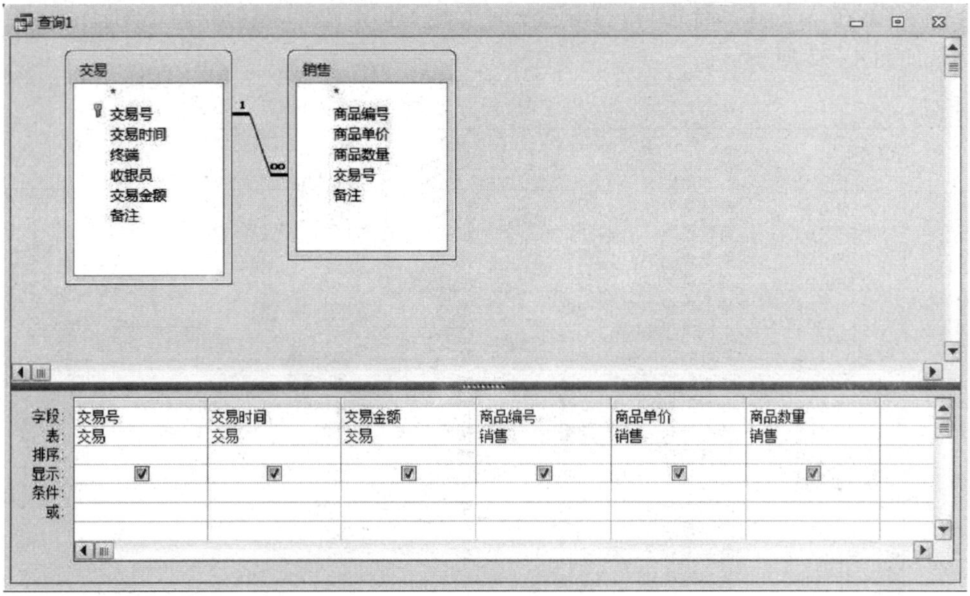

图4-33 定义查询所需的字段

(7)在查询设计窗口,单击“参数”按钮,打开“查询参数”对话框,如图4-34所示。

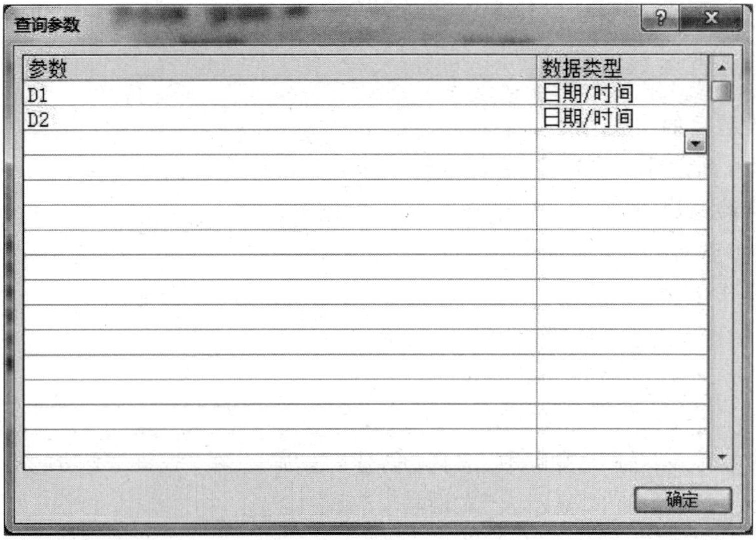

图4-34 定义参数变量

(8)在“查询参数”对话框,输入参数名称及确定参数类型,再单击“确定”按钮,返回“查询设计”窗口。

(9)在查询设计窗口,单击“生成器”按钮,打开“表达式生成器”对话框,确定字段准则,参数可视为准则中的一个变量,如图 4-35 所示。

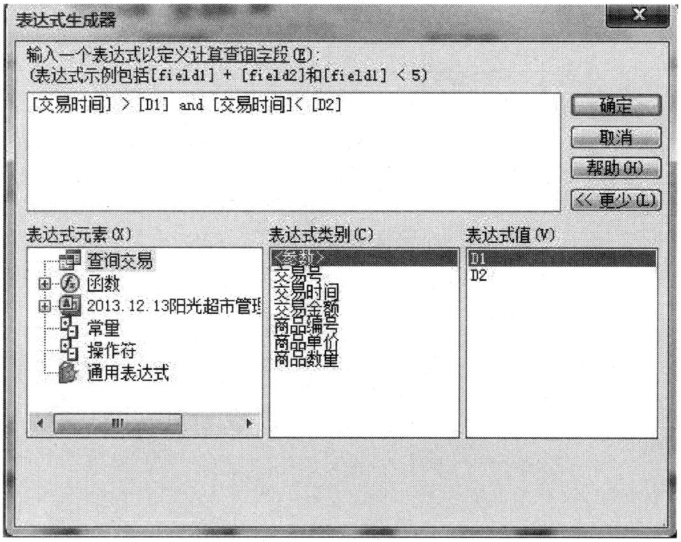

图 4-35　定义参数条件

(10)在 Access 系统窗口,打开“文件”选项卡,选择“保存”选项,保存查询(查询交易),结束参数查询的创建,如图 4-36 所示。

(11)打开“输入参数值”对话框,先输入参数 D1 的值,如图 4-37 所示。

图 4-36　保存查询(查询交易)

图 4-37　输入参数 D1 的值

再输入参数 D2 的值,如图 4-38 所示。

图 4-38　输入参数 D2 的值

微视频 4-3
Access参数查询

查询结果如图 4-39 所示。

查询交易

交易号	交易时间	交易金额	商品编号	商品单价	商品数量
0350	13-11-16		BH0101	9.5	2
0350	13-11-16		BH0104	38	1
0350	13-11-16		HZ0203	45	1
0350	13-11-16		HZ0305	65	1
0351	13-11-18		DQ0104	1800	1
0351	13-11-18		FZ0101	170	1
0351	13-11-18		FZ0102	480	1

图 4-39 查询结果(查询交易)

第 5 章　SQL 应用

结构化查询语言(Structured Query Language,SQL),是数据库查询和程序设计语言。

5.1　SQL 语言概述

SQL 语言功能极强,它虽然只有两种使用方式,但由于设计构思巧妙,语言结构简洁明快,能够完成数据操纵、数据定义和数据控制等功能。SQL 只用了 9 个动词,因此易学易用。

数据操纵:Select,Insert,Update,Delete。

数据定义:Create,Alter,Drop。

数据控制:Grant,Revoke。

1. SQL 语言的特点

(1) 语言功能的一体化。

(2) 非过程化。

(3) 采用面向集合的操作方式。

(4) 一种语法结构两种使用方式。

(5) 语言结构简洁。

(6) 支持三级模式结构。

2. SQL 语言的分类

(1) 数据定义语言(DDL)。

(2) 数据操纵语言(DML)。

(3) 数据控制语言(DCL)。

(4) 数据查询语言(DQL)。

5.2　数据定义

在数据库操作中,数据表定义是主要的操作之一,在 SQL 语言中,可使用 Create Table 语句进行数据表定义,使用 Alter,Drop 等语句对表结构进行维护。

5.2.1 定义表结构

1. 实验目的

熟悉“查询设计”工作环境,掌握利用SQL创建表的操作方法。

2. 实验题目

根据表5-1、表5-2所示的内容,创建两个表(部门1和员工1)。

表5-1 “部门”表结构

字段名	字段类型	字段长度	索引	备注
部门编号	文本	2	有(无重复)	主键
部门名称	文本	20	—	—
部门电话	文本	12	—	—
负责人	文本	10	—	—
员工人数	数字	默认值	—	整型
备注	备注	默认值	—	—

表5-2 “员工”表结构

字段名	字段类型	字段长度	索引	备注
员工编号	文本	6	有(无重复)	主键
姓名	文本	10	—	—
性别	文本	2	—	—
年龄	数字	整型	—	—
民族	文本	10	—	—
电话	文本	20	—	—
住址	文本	50	—	—
照片	OLE对象	默认值	—	—
部门编号	文本	2	—	外键
备注	备注	默认值	—	—

3. 操作步骤

(1) 打开数据库(阳光超市管理系统)。

(2) 在Access系统窗口中,选择“创建”选项卡,在“查询”子功能区中,单击“查询设计”按钮,打开查询设计窗口,如图5-1所示。

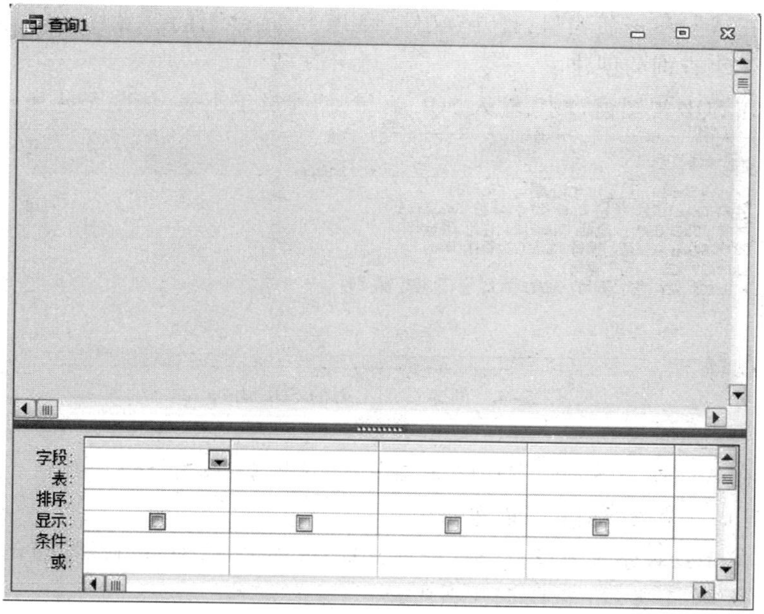

图 5-1 查询设计窗口

(3) 在查询设计窗口中,打开"查询工具"选项卡,单击"SQL 视图"按钮,打开 SQL 视图窗口,如图 5-2 所示。

图 5-2 SQL 视图窗口

(4) 在 SQL 视图窗口中,输入 SQL 语句,创建部门 1 表,如图 5-3 所示。

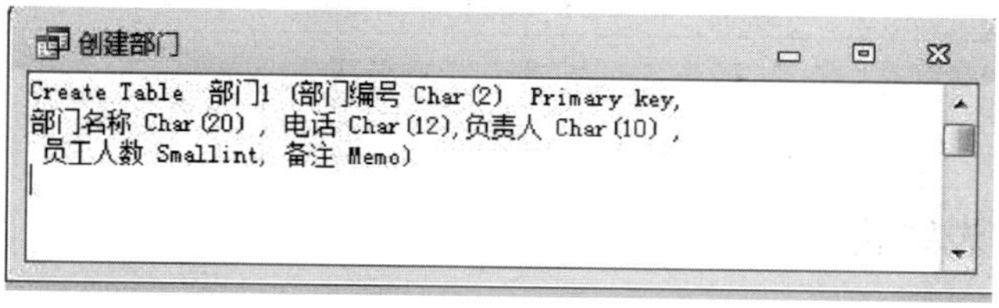

图 5-3 创建部门 1 表的 SQL 语句

(5) 在Access系统窗口,打开“文件”选项卡,选择“保存”选项,保存查询(创建部门),结束查询的创建。

(6) 在SQL视图窗口中,输入SQL语句,创建员工1表,如图5-4所示。

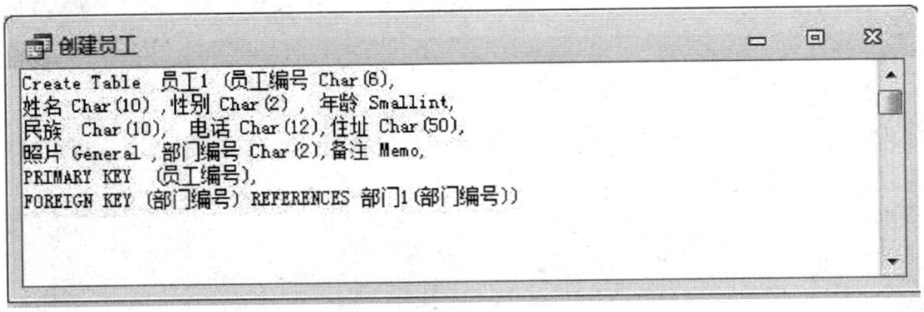

图5-4　创建员工1表的SQL语句

(7) 在Access系统窗口,打开“查询工具”选项卡,单击“运行”按钮,运行查询(创建部门),一个表(部门1)创建完成。

(8) 在Access系统窗口,打开“查询工具”选项卡,单击“运行”按钮,运行查询(创建部门),一个表(员工1)创建完成。

(9) 在Access系统窗口,打开“数据库工具”选项卡,单击“关系”按钮,打开“关系”窗口。

(10) 在“关系”窗口,两表(部门1和员工1)已创建完成并建立起关联,如图5-5所示。

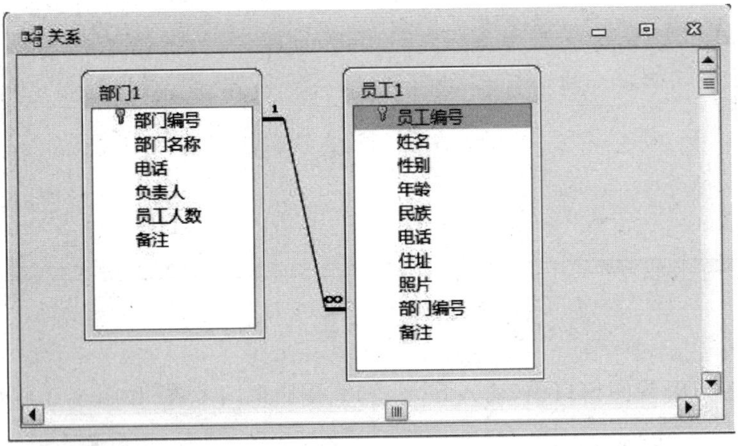

图5-5　表(部门1和员工1)

5.2.2　修改表结构

1. 实验目的

熟悉“查询设计”工作环境,掌握利用SQL维护表结构的操作方法。

2. 实验题目

(1) 给表(部门1)增加列(办公地点,文本,30)。

(2) 给表(部门1)删除列(备注)。

3. 操作步骤

(1) 打开数据库(阳光超市管理系统)。

(2) 在Access系统窗口中,选择“创建”选项卡,在“查询”子功能区中,单击“查询设计”按钮,打开查询设计窗口。

(3) 在查询设计窗口中,打开“查询工具”选项卡,单击“SQL视图”按钮,打开SQL视图窗口。

(4) 在SQL视图窗口中,输入SQL语句,给表(部门1)增加列,如图5-6所示。

图5-6 给表(部门1)增加列

(5) 在Access系统窗口,打开“文件”选项卡,选择“保存”选项,保存查询(增加列部门1),结束查询的创建。

(6) 在Access系统窗口,打开“查询工具”选项卡,单击“运行”按钮,运行查询(增加列部门1)。

(7) 在SQL视图窗口中,输入SQL语句,删除表(部门1)的列,如图5-7所示。

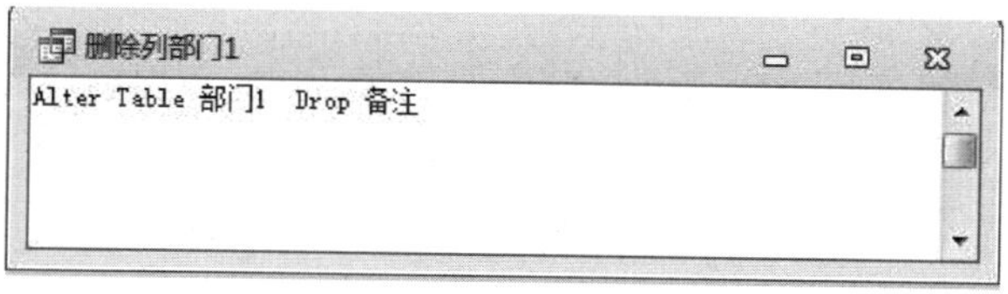

图5-7 给表(部门1)删除列

(8) 在Access系统窗口,打开“文件”选项卡,选择“保存”选项,保存查询(删除列部门1),结束查询的创建。

(9) 在Access系统窗口,打开“查询工具”选项卡,单击“运行”按钮,运行查询(删除列部门1)。

(10) 在Access系统窗口,首先,通过数据库对象导航栏,右击表(部门1),打开快捷菜单。

(11) 在快捷菜单中,选择“设计视图”命令,显示表(部门1)结构已修改,如图5-8所示。

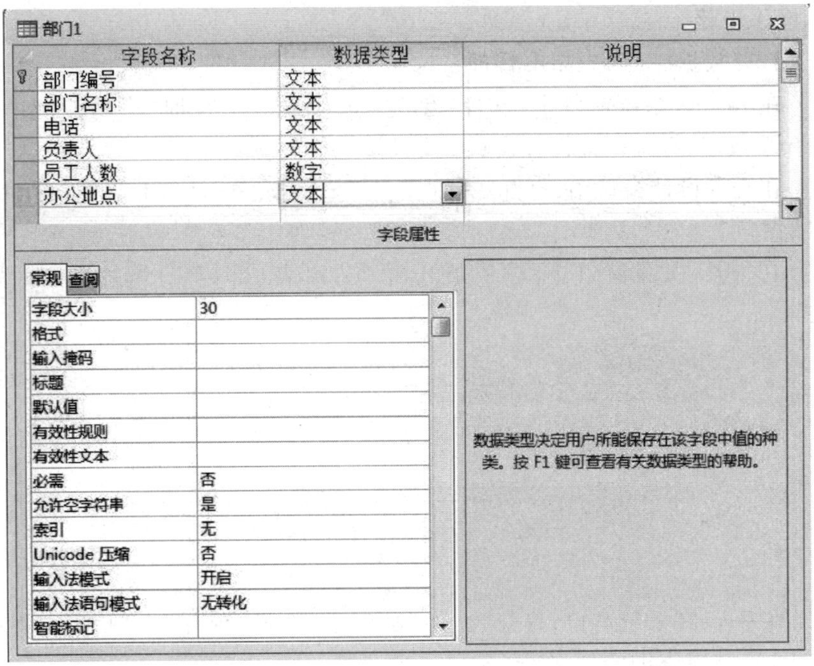

图5-8 修改的(部门1)结构

5.3 数据操纵

SQL数据操纵的语句包括表中数据插入、数据修改、数据删除等。

5.3.1 插入数据

1. 实验目的

熟悉“查询设计”工作环境,掌握利用SQL输入数据的操作方法。

2. 实验题目

给“阳光超市管理系统”数据库中的“商品”表添加以下两组数据。

(FZ0108,贵人西装,纺织,高,XXL,略)

(FZ0303,奇胜衬衣,纺织,高,43,新产品,2013年12月才投放市场)

3. 操作步骤

(1) 打开数据库(阳光超市管理系统)。

(2) 在 Access 系统窗口中,选择“创建”选项卡,在“查询”子功能区中,单击“查询设计”按钮,打开查询设计窗口。

(3) 在查询设计窗口中,打开“查询工具”选项卡,单击“SQL 视图”按钮,打开 SQL 视图窗口。

(4) 在 SQL 视图窗口中,输入 SQL 语句,给表(商品)输入数据,如图 5-9 所示。

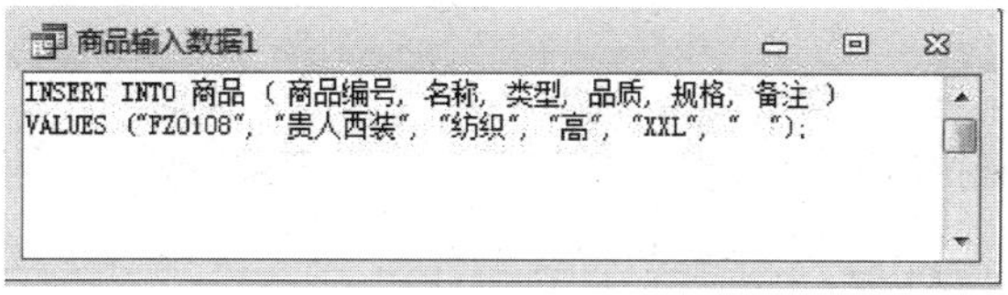

图 5-9　给表(商品)输入数据 1

(5) 在 Access 系统窗口,打开“文件”选项卡,选择“保存”选项,保存查询(商品输入数据 1),结束查询的创建。

(6) 在 Access 系统窗口,打开“查询工具”选项卡,单击“运行”按钮,运行查询(商品输入数据 1)。

(7) 在 SQL 视图窗口中,输入 SQL 语句,给表(商品)输入数据,如图 5-10 所示。

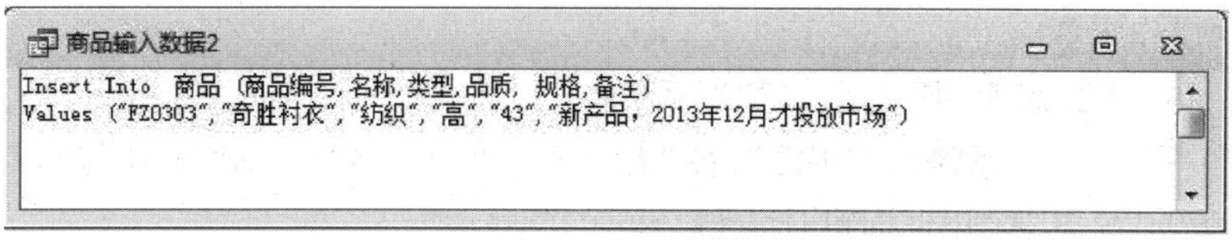

图 5-10　给表(商品)输入数据 2

(8) 在 Access 系统窗口,打开“文件”选项卡,选择“保存”选项,保存查询(商品输入数据 2),结束查询的创建。

(9) 在 Access 系统窗口,打开“查询工具”选项卡,单击“运行”按钮,运行查询(商品输入数据 2)。

(10) 在 Access 系统窗口,首先,通过数据库对象导航栏,右击表(商品),打开快捷菜单。

(11) 在快捷菜单中,选择“打开”命令,显示表(商品)数据,如图 5-11 所示。

5.3.2 更新数据

1. 实验目的

熟悉“查询设计”工作环境,掌握利用 SQL 修改数据的操作方法。

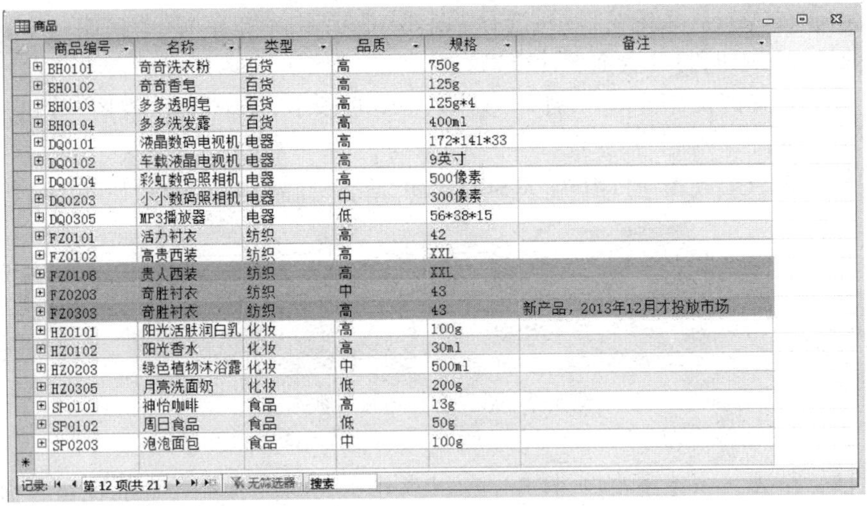

商品编号	名称	类型	品质	规格	备注
BH0101	奇奇洗衣粉	百货	高	750g	
BH0102	奇奇香皂	百货	高	125g	
BH0103	多多透明皂	百货	高	125g*4	
BH0104	多多洗发露	百货	高	400ml	
DQ0101	液晶数码电视机	电器	高	172*141*33	
DQ0102	车载液晶电视机	电器	高	9英寸	
DQ0104	彩虹数码照相机	电器	高	500像素	
DQ0203	小小数码照相机	电器	中	300像素	
DQ0305	MP3播放器	电器	低	56*38*15	
FZ0101	活力衬衣	纺织	高	42	
FZ0102	高贵西装	纺织	高	XXL	
FZ0108	贵人西装	纺织	高	XXL	
FZ0203	奇胜衬衣	纺织	中	43	
FZ0303	奇胜衬衣	纺织	高	43	新产品，2013年12月才投放市场
HZ0101	阳光活肤润白乳	化妆	高	100g	
HZ0102	阳光香水	化妆	高	30ml	
HZ0203	绿色植物沐浴露	化妆	中	500ml	
HZ0305	月亮洗面奶	化妆	低	200g	
SP0101	神怡咖啡	食品	高	13g	
SP0102	周日食品	食品	低	50g	
SP0203	泡泡面包	食品	中	100g	

图 5-11　修改的(商品)表

2. 实验题目

修改表(商品)中的数据，将所有“类型”列取值为“纺织”的数据更新为“纺织品”。

3. 操作步骤

(1) 打开数据库(阳光超市管理系统)。

(2) 在 Access 系统窗口中，选择“创建”选项卡，在“查询”子功能区中，单击“查询设计”按钮，打开查询设计窗口。

(3) 在查询设计窗口中，打开“查询工具”选项卡，单击“SQL 视图”按钮，打开 SQL 视图窗口。

(4) 在 SQL 视图窗口中，输入 SQL 语句，给表(商品)修改数据，如图 5-12 所示。

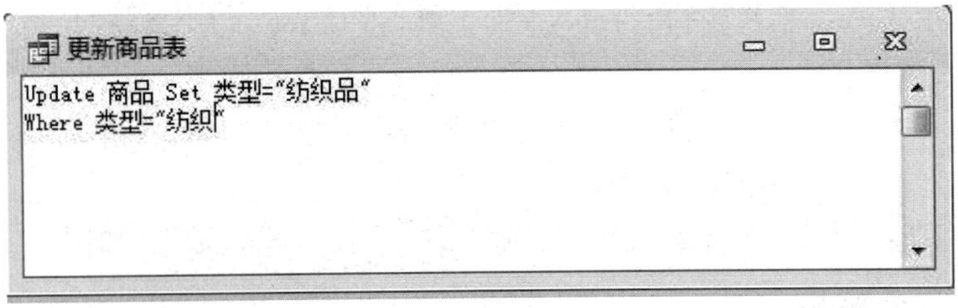

图 5-12　给表(商品)修改数据

(5) 在 Access 系统窗口，打开“文件”选项卡，选择“保存”选项，保存查询(商品更新)，结束查询的创建。

(6) 在 Access 系统窗口,打开“查询工具”选项卡,单击“运行”按钮,运行查询(商品更新)。

(7) 在 Access 系统窗口,首先,通过数据库对象导航栏,右击表(商品),打开快捷菜单。

(8) 在快捷菜单中,选择“打开”命令,显示表(商品)数据,如图 5-13 所示。

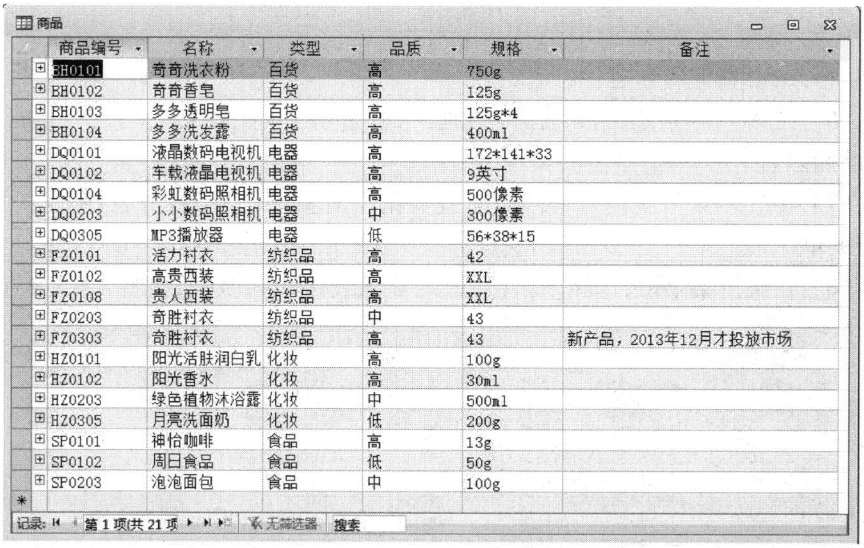
商品

商品编号	名称	类型	品质	规格	备注
BH0101	奇奇洗衣粉	百货	高	750g	
BH0102	奇奇香皂	百货	高	125g	
BH0103	多多透明皂	百货	高	125g*4	
BH0104	多多洗发露	百货	高	400ml	
DQ0101	液晶数码电视机	电器	高	172*141*33	
DQ0102	车载液晶电视机	电器	高	9英寸	
DQ0104	彩虹数码照相机	电器	高	500像素	
DQ0203	小小数码照相机	电器	中	300像素	
DQ0305	MP3播放器	电器	低	56*38*15	
FZ0101	活力衬衣	纺织品	高	42	
FZ0102	高贵西装	纺织品	高	XXL	
FZ0108	贵人西装	纺织品	高	XXL	
FZ0203	奇胜衬衣	纺织品	中	43	
FZ0303	奇胜衬衣	纺织品	高	43	新产品，2013年12月才投放市场
HZ0101	阳光活肤润白乳	化妆	高	100g	
HZ0102	阳光香水	化妆	高	30ml	
HZ0203	绿色植物沐浴露	化妆	中	500ml	
HZ0305	月亮洗面奶	化妆	低	200g	
SP0101	神怡咖啡	食品	高	13g	
SP0102	周日食品	食品	低	50g	
SP0203	泡泡面包	食品	中	100g	

记录: 第 1 项(共 21 项) 无筛选器 搜索

图 5-13 更新后的表(商品)

5.3.3 删除数据

微视频 5-1
Access数据修改

1. 实验目的

熟悉查询设计工作环境,掌握利用 SQL 删除数据的操作方法。

2. 实验题目

删除表(商品)中的数据,将所有“类型”列取值为“纺织品”的数据删除。

3. 操作步骤

(1) 打开数据库(阳光超市管理系统)。

(2) 在 Access 系统窗口中,选择“创建”选项卡,在“查询”子功能区中,单击“查询设计”按钮,打开查询设计窗口。

(3) 在查询设计窗口中,打开“查询工具”选项卡,单击“SQL 视图”按钮,打开 SQL 视图窗口。

(4) 在 SQL 视图窗口中,输入 SQL 语句,给表(商品)删除数据,如图 5-14 所示。

(5) 在 Access 系统窗口,打开“文件”选项卡,选择“保存”选项,保存查询(商

图 5-14 给表(商品)删除数据

品删除),结束查询的创建。

(6) 在 Access 系统窗口,打开“查询工具”选项卡,单击“运行”按钮,运行查询(商品删除)。

(7) 在 Access 系统窗口,首先,通过数据库对象导航栏,右击表(商品),打开快捷菜单。

(8) 在快捷菜单中,选择“打开”命令,显示表(商品)数据,如图 5-15 所示。

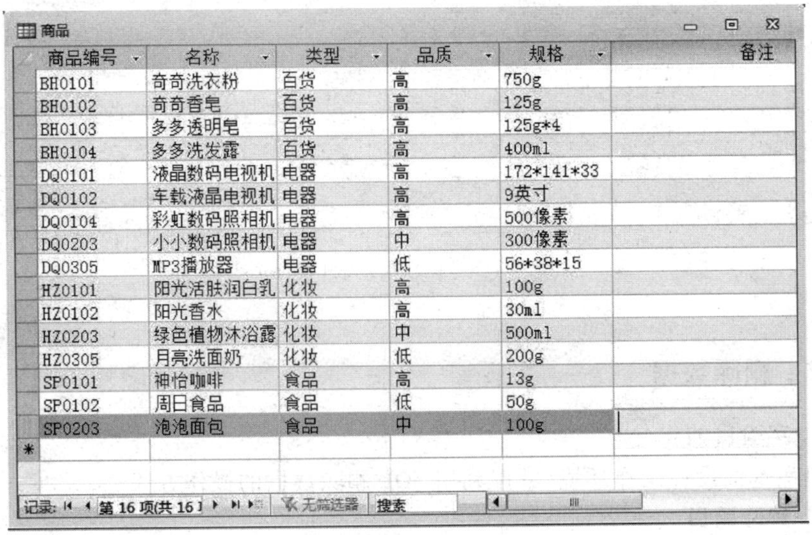

商品编号	名称	类型	品质	规格	备注
BH0101	奇奇洗衣粉	百货	高	750g	
BH0102	奇奇香皂	百货	高	125g	
BH0103	多多透明皂	百货	高	125g*4	
BH0104	多多洗发露	百货	高	400ml	
DQ0101	液晶数码电视机	电器	高	172*141*33	
DQ0102	车载液晶电视机	电器	高	9英寸	
DQ0104	彩虹数码照相机	电器	高	500像素	
DQ0203	小小数码照相机	电器	中	300像素	
DQ0305	MP3播放器	电器	低	56*38*15	
HZ0101	阳光活肤润白乳	化妆	高	100g	
HZ0102	阳光香水	化妆	高	30ml	
HZ0203	绿色植物沐浴露	化妆	中	500ml	
HZ0305	月亮洗面奶	化妆	低	200g	
SP0101	神怡咖啡	食品	高	13g	
SP0102	周日食品	食品	低	50g	
SP0203	泡泡面包	食品	中	100g	

图 5-15 删除数据后(商品)表

微视频 5-2
Access数据删除

5.4 数据查询

SQL 语句最主要的功能就是查询功能,它提供了 Select 语句用于检索和显示一个或多个数据库表中的数据,Select 语句功能强大,使用方式非常灵活,可用一个语句实现关系代数中的选择、投影和连接等关系运算。

5.4.1 简单查询

1. 实验目的

熟悉查询设计工作环境,掌握利用 SQL 进行简单查询的操作方法。

2. 实验题目-1

在“阳光超市管理系统”数据库中,查询所经营的全部商品。

3. 操作步骤-1

(1) 打开数据库(阳光超市管理系统)。

(2) 在 SQL 视图窗口中,输入 SQL 语句,查询表(商品)中所有行和列,如图 5-16 所示。

图 5-16 表(商品)中所有的行和列

(3) 在 Access 系统窗口,打开“文件”选项卡,选择“保存”选项,保存查询(所有商品),结束查询的创建。

(4) 在 Access 系统窗口,打开“查询工具”选项卡,单击“运行”按钮,运行查询(所有商品),如图 5-17 所示。

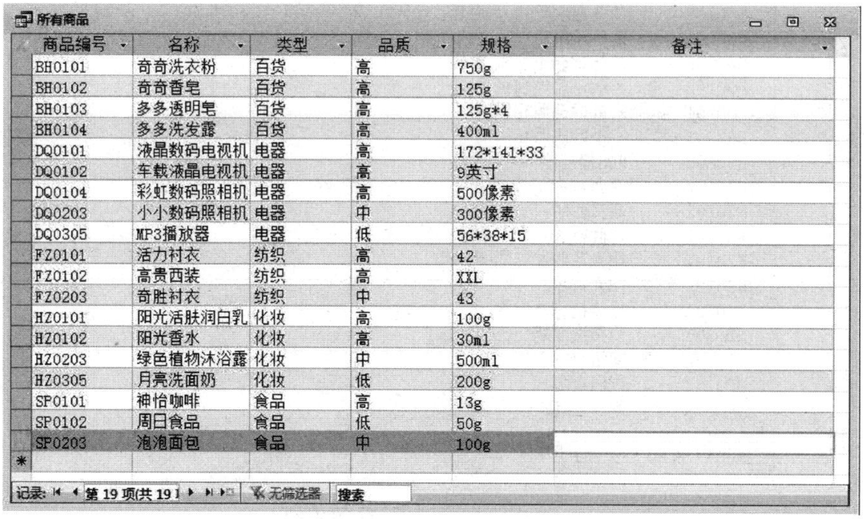

商品编号	名称	类型	品质	规格	备注
BH0101	奇奇洗衣粉	百货	高	750g	
BH0102	奇奇香皂	百货	高	125g	
BH0103	多多透明皂	百货	高	125g*4	
BH0104	多多洗发露	百货	高	400ml	
DQ0101	液晶数码电视机	电器	高	172*141*33	
DQ0102	车载液晶电视机	电器	高	9英寸	
DQ0104	彩虹数码照相机	电器	高	500像素	
DQ0203	小小数码照相机	电器	中	300像素	
DQ0305	MP3播放器	电器	低	56*38*15	
FZ0101	活力衬衣	纺织	高	42	
FZ0102	高贵西装	纺织	高	XXL	
FZ0203	奇胜衬衣	纺织	中	43	
HZ0101	阳光活肤润白乳	化妆	高	100g	
HZ0102	阳光香水	化妆	高	30ml	
HZ0203	绿色植物沐浴露	化妆	中	500ml	
HZ0305	月亮洗面奶	化妆	低	200g	
SP0101	神怡咖啡	食品	高	13g	
SP0102	周日食品	食品	低	50g	
SP0203	泡泡面包	食品	中	100g	

图 5-17 查询结果(所有商品)

4. 实验题目-2

在“阳光超市管理系统”数据库中,查询所经营的全部商品的编号、名称、类型和品质。

5. 操作步骤-2

(1) 打开数据库(阳光超市管理系统)。

(2) 在SQL视图窗口中,输入SQL语句,查询表(商品)中指定的列,如图5-18所示。

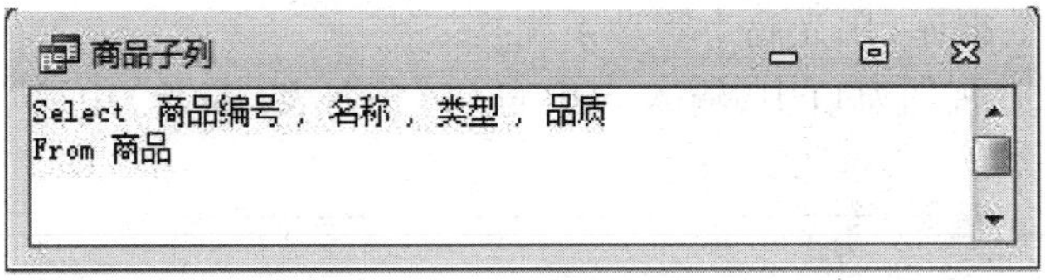

图5-18 表(商品)中的指定的列

(3) 在Access系统窗口,打开“文件”选项卡,选择“保存”命令,保存查询(商品子列),结束查询的创建。

(4) 在Access系统窗口,打开“查询工具”选项卡,单击“运行”按钮,运行查询(商品子列),如图5-19所示。

商品子列

商品编号	名称	类型	品质
BH0101	奇奇洗衣粉	百货	高
BH0102	奇奇香皂	百货	高
BH0103	多多透明皂	百货	高
BH0104	多多洗发露	百货	高
DQ0101	液晶数码电视机	电器	高
DQ0102	车载液晶电视机	电器	高
DQ0104	彩虹数码照相机	电器	高
DQ0203	小小数码照相机	电器	中
DQ0305	MP3播放器	电器	低
FZ0101	活力衬衣	纺织	高
FZ0102	高贵西装	纺织	高
FZ0203	奇胜衬衣	纺织	中
HZ0101	阳光活肤润白乳	化妆	高
HZ0102	阳光香水	化妆	高
HZ0203	绿色植物沐浴露	化妆	中
HZ0305	月亮洗面奶	化妆	低
SP0101	神怡咖啡	食品	高
SP0102	周日食品	食品	低
SP0203	泡泡面包	食品	中
*			

记录: 第 19 项(共 19 项) 无筛选器 搜索

图5-19 查询结果(商品子列)

6. 实验题目-3

在“阳光超市管理系统”数据库中，查询所经营的全部“电器”类商品的编号、名称、类型和品质。

7. 操作步骤-3

（1）打开数据库（阳光超市管理系统）。

（2）在 SQL 视图窗口中，输入 SQL 语句，查询表（商品）中指定的行和列，如图 5-20 所示。

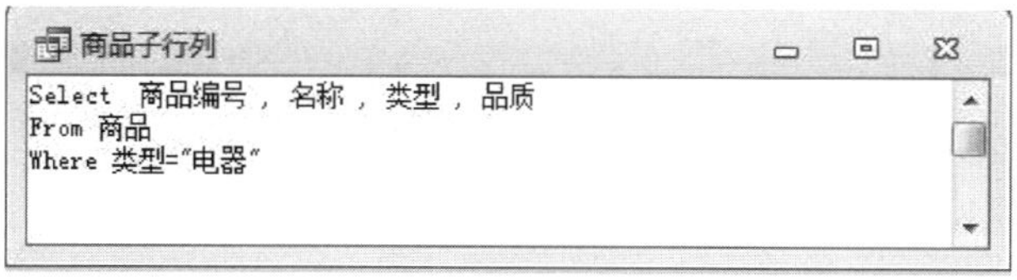

图 5-20 表（商品）中指定的行和列

（3）在 Access 系统窗口，打开“文件”选项卡，选择“保存”选项，保存查询（商品子行列），结束查询的创建。

（4）在 Access 系统窗口，打开“查询工具”选项卡，单击“运行”按钮，运行查询（商品子行列），如图 5-21 所示。

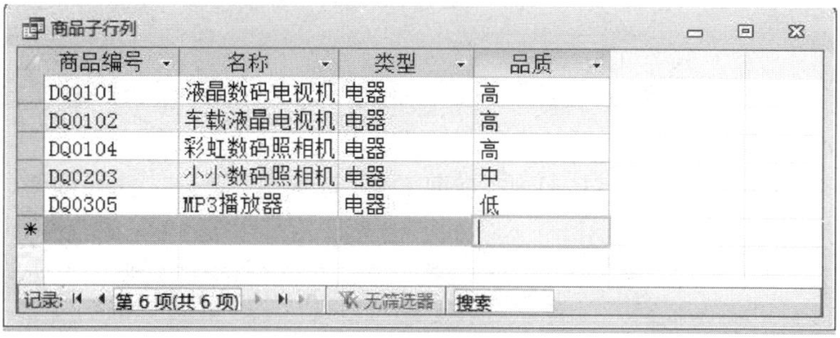
商品子行列

商品编号	名称	类型	品质
DQ0101	液晶数码电视机	电器	高
DQ0102	车载液晶电视机	电器	高
DQ0104	彩虹数码照相机	电器	高
DQ0203	小小数码照相机	电器	中
DQ0305	MP3播放器	电器	低
*			

记录: 第 6 项(共 6 项) 无筛选器 搜索

图 5-21 查询结果（商品子行列）

8. 实验题目-4

在“阳光超市管理系统”数据库中，查询员工“工资”情况并生成新列（实发工资）。

9. 操作步骤-4

（1）打开数据库（阳光超市管理系统）。

（2）打开表（工资），如图 5-22 所示。

（3）在 SQL 视图窗口中，输入 SQL 语句，查询表（工资）指定的列并产生新列，如图 5-23 所示。

工资编号	员工编号	姓名	时间	应发工资	扣款	税款	实发工资	备注	单击以添加
1	C30101	张小和	13-11-11	5000	0	400	4600		
2	A10101	陈东东	13-11-11	6000	0	400	5600		
3	B10301	刘乐云	13-11-11	5000	0	400	4600		
4	C20403	齐统消	13-11-11	3000	0	200	2800		
5	C20402	渊思奇	13-11-11	3000	0	200	2800		
6	B202C2	任人何	13-11-11	2000	0	100	1900		
7	B20201	方中正	13-11-11	5000	0	400	4600		
8	B30201	曾雯雯	13-11-11	4000	0	200	3800		
9	C10202	霍热平	13-11-11	2300	0	210	2090		
10	C10201	解晓函	13-11-11	5000	0	400	4600		
11	C10203	肖淡薄	13-11-11	2000	0	100	1900		
12	C20401	余思思	13-11-11	5000	0	400	4600		
(新建)				0	0	0	0		

记录: 第 12 项(共 12 项) 无筛选器 搜索

图 5-22 浏览表(工资)

工资新列

```
Select 员工编号,姓名, 时间, 应发工资, 扣款, 税款,
应发工资-扣款-税款 As 实发工资
From 工资
```

图 5-23 表(工资)指定的列并产生新列

(4) 在 Access 系统窗口,打开“文件”选项卡,选择“保存”选项,保存查询(工资新列),结束查询的创建。

(5) 在 Access 系统窗口,打开“查询工具”选项卡,单击“运行”按钮,运行查询(工资新列),如图 5-24 所示。

员工编号	姓名	时间	应发工资	扣款	税款	实发工资
C30101	张小和	13-11-11	5000	0	400	4600
A10101	陈东东	13-11-11	6000	0	400	5600
B10301	刘乐云	13-11-11	5000	0	400	4600
C20403	齐统消	13-11-11	3000	0	200	2800
C20402	渊思奇	13-11-11	3000	0	200	2800
B20202	任人何	13-11-11	2000	0	100	1900
B20201	方中正	13-11-11	5000	0	400	4600
B30201	曾雯雯	13-11-11	4000	0	200	3800
C10202	霍热平	13-11-11	2300	0	210	2090
C10201	解晓函	13-11-11	5000	0	400	4600
C10203	肖淡薄	13-11-11	2000	0	100	1900
C20401	余思思	13-11-11	5000	0	400	4600
*			0	0	0	

记录: 第 13 项(共 13 项) 无筛选器 搜索

图 5-24 查询结果(工资新列)

10．实验题目-5

在“阳光超市管理系统”数据库中，查询员工月收入在 3000 到 5000 之间的数据。

11．操作步骤-5

（1）打开数据库（阳光超市管理系统）。

（2）在 SQL 视图窗口中，输入 SQL 语句，查询表（工资）中满足条件的行和列，如图 5-25 所示。

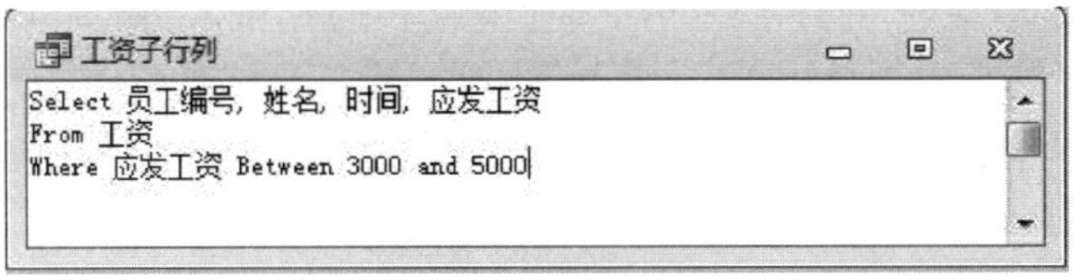

图 5-25　表（工资）中满足条件的行和列

（3）在 Access 系统窗口，打开“文件”选项卡，选择“保存”选项，保存查询（工资子行列），结束查询的创建。

（4）在 Access 系统窗口，打开“查询工具”选项卡，单击“运行”按钮，运行查询（工资子行列），如图 5-26 所示。

员工编号	姓名	时间	应发工资
C30101	张小和	13-11-11	5000
B10301	刘乐云	13-11-11	5000
C20403	齐统消	13-11-11	3000
C20402	渊思奇	13-11-11	3000
B20201	方中正	13-11-11	5000
B30201	曾雯雯	13-11-11	4000
C10201	解晓函	13-11-11	5000
C20401	余思思	13-11-11	5000
*			0

图 5-26　查询结果（工资子行列）

12．实验题目-6

在“阳光超市管理系统”数据库中，查询经营的各类型商品的数量。

13．操作步骤-6

（1）打开数据库（阳光超市管理系统）。

（2）在 SQL 视图窗口中，输入 SQL 语句，对商品进行分类统计，如图 5-27 所示。

（3）在 Access 系统窗口，打开“文件”选项卡，选择“保存”选项，保存查询（商品分类统计），结束查询的创建。

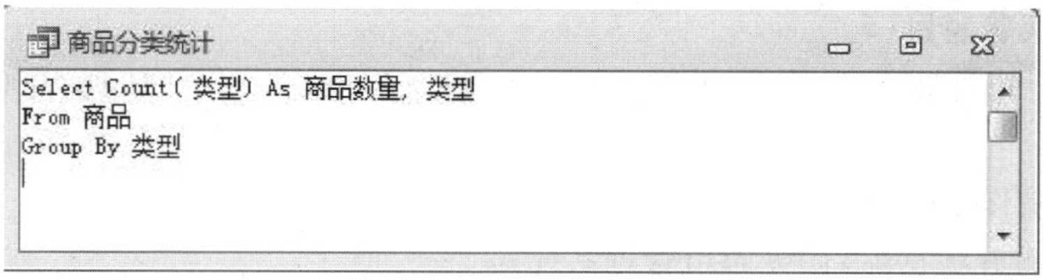

图5-27　表(商品)中的分类统计

(4) 在Access系统窗口,打开“查询工具”选项卡,单击“运行”按钮,运行查询(商品分类统计),如图5-28所示。

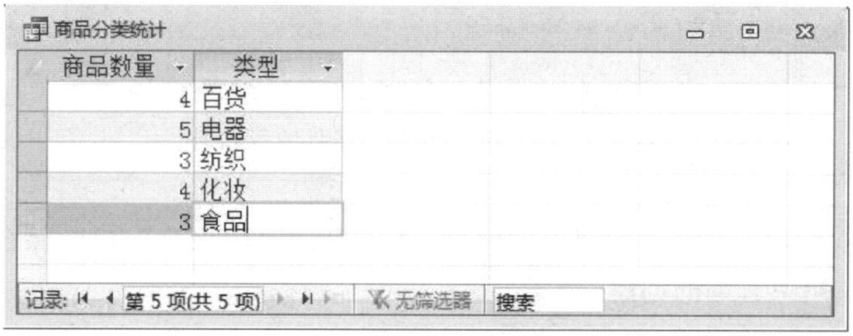

商品分类统计

商品数量	类型
4	百货
5	电器
3	纺织
4	化妆
3	食品

记录: 第5项(共5项)　无筛选器　搜索

图5-28　查询结果(商品分类统计)

微视频5-3
Access简单查询

5.4.2　多表连接查询

1. 实验目的

熟悉查询设计工作环境,掌握利用SQL进行多表连接查询的操作方法。

2. 实验题目-1

在“阳光超市管理系统”数据库中,查询每一个员工所在部门及其部门负责人。

3. 操作步骤-1

(1) 打开数据库(阳光超市管理系统)。

(2) 打开表(部门),如图5-29所示。

部门

部门编号	部门名称	负责人	员工人数	部门电话	备注
A1	VIP服务部	陈东东	2	86828385	
B1	营业部	刘乐云	30	86821222	
B2	销售部	方中正	10	86820304	
B3	财务处	曾雯雯	6	86824511	
C1	采购部	解晓函	8	86827171	
C2	仓储部	余思思	5	86826698	
C3	经营部	张小和	5	86828228	
*			0		

记录: 第8项(共8项)　无筛选器　搜索

图5-29　浏览表(部门)

(3) 打开表(员工),如图 5-30 所示。

员工

员工编号	姓名	性别	年龄	民族	电话	住址	照片	部门编号	备注
A10101	陈东东	男	36	苗族	010-77884423	东三环	itmap Image	A1	
B10301	刘乐云	女	36	汉族	010-75356678	西二环	itmap Image	B1	
B20201	方中正	男	22	朝鲜族	010-57823456	北一环		B2	
B20202	任人何	女	22	汉族	010-57828228	北二环		B2	
B30201	曾雯雯	女	37	汉族	010-45672345	北三环		B3	
C10201	解晓函	女	27	汉族	010-34567123	东五环		C1	
C10202	霍热平	男	32	汉族	010-34564511	东二环		C1	
C10203	肖淡薄	男	29	汉族	010-34564533	东一环		C1	
C20401	余思思	女	23	白族	010-45612344	南四环		C2	
C20402	渊思奇	男	22	汉族	010-45626692	南五环		C2	
C20403	齐统消	男	25	汉族	010-45626698	南二环		C2	
C30101	张小和	男	43	蒙古族	010-23450986	南一环		C3	
			0						

记录: 第 1 项(共 12 项) 无筛选器 搜索

图 5-30 浏览表(员工)

(4) 在 SQL 视图窗口中,输入 SQL 语句,实现表的连接,如图 5-31 所示。

员工-部门连接

```
Select 员工.员工编号, 员工.姓名, 员工.部门编号,
部门.部门名称, 部门.负责人
From 员工,部门
Where 员工.部门编号=部门.部门编号
```

图 5-31 表(员工)和表(部门)连接

(5) 在 Access 系统窗口,打开"文件"选项卡,选择"保存"选项,保存查询(员工-部门连接),结束查询的创建。

(6) 在 Access 系统窗口,打开"查询工具"选项卡,单击"运行"按钮,运行查询(员工-部门连接),如图 5-32 所示。

员工-部门连接

员工编号	姓名	部门编号	部门名称	负责人
A10101	陈东东	A1	VIP服务部	陈东东
B10301	刘乐云	B1	营业部	刘乐云
B20201	方中正	B2	销售部	方中正
B20202	任人何	B2	销售部	方中正
B30201	曾雯雯	B3	财务处	曾雯雯
C10201	解晓函	C1	采购部	解晓函
C10202	霍热平	C1	采购部	解晓函
C10203	肖淡薄	C1	采购部	解晓函
C20401	余思思	C2	仓储部	余思思
C20402	渊思奇	C2	仓储部	余思思
C20403	齐统消	C2	仓储部	余思思
C30101	张小和	C3	经营部	张小和

记录: 第 1 项(共 12 项) 无筛选器 搜索

图 5-32 查询结果(员工-部门连接)

微视频 5-4
Access-SQL查询

4. 实验题目-2

在“阳光超市管理系统”数据库中，查询每一个员工所在部门及其某一个月的工资发放情况。

5. 操作步骤-2

(1) 打开数据库(阳光超市管理系统)。

(2) 打开表(部门)，参见图 5-29。

(3) 打开表(员工)，参见图 5-30。

(4) 打开表(工资)，参见图 5-22。

(5) 在 SQL 视图窗口中，输入 SQL 语句，实现表的连接如图 5-33 所示。

员工-部门-工资连接

```
Select 员工.员工编号, 员工.姓名, 部门.部门名称, 工资.时间, 工资.应发工资
From 工资,部门,员工
Where 部门.部门编号 = 员工.部门编号
And 工资.员工编号 = 员工.员工编号
```

图 5-33 表(员工)、表(部门)和表(工资)连接

(6) 在 Access 系统窗口，打开“文件”选项卡，选择“保存”选项，保存查询(员工-部门-工资连接)，结束查询的创建。

(7) 在 Access 系统窗口，打开“查询工具”选项卡，单击“运行”按钮，运行查询(员工-部门-工资连接)，如图 5-34 所示。

员工-部门-工资连接

员工编号	姓名	部门名称	时间	应发工资
A10101	陈东东	VIP服务部	13-11-11	6000
B10301	刘乐云	营业部	13-11-11	5000
B20201	方中正	销售部	13-11-11	5000
B20202	任人何	销售部	13-11-11	2000
B30201	曾雯雯	财务处	13-11-11	4000
C10201	解晓函	采购部	13-11-11	5000
C10202	霍热平	采购部	13-11-11	2300
C10203	肖淡薄	采购部	13-11-11	2000
C20401	余思思	仓储部	13-11-11	5000
C20402	渊思奇	仓储部	13-11-11	3000
C20403	齐统消	仓储部	13-11-11	3000
C30101	张小和	经营部	13-11-11	5000

记录: 第 1 项(共 12 项 无筛选器 搜索

图 5-34 查询结果(员工-部门-工资连接)

5.4.3 等值连接查询

1. 实验目的

熟悉“查询设计”工作环境，掌握利用 SQL 进行等值连接查询的操作方法。

2. 实验题目

在“阳光超市管理系统”数据库中，查询“采购部”的员工信息。

3. 操作步骤

(1) 打开数据库(阳光超市管理系统)。

(2) 打开表(部门)，参见图 5-29。

(3) 打开表(员工)，参见图 5-30。

(4) 在 SQL 视图窗口中，输入 SQL 语句，实现表的等值连接，如图 5-35 所示。

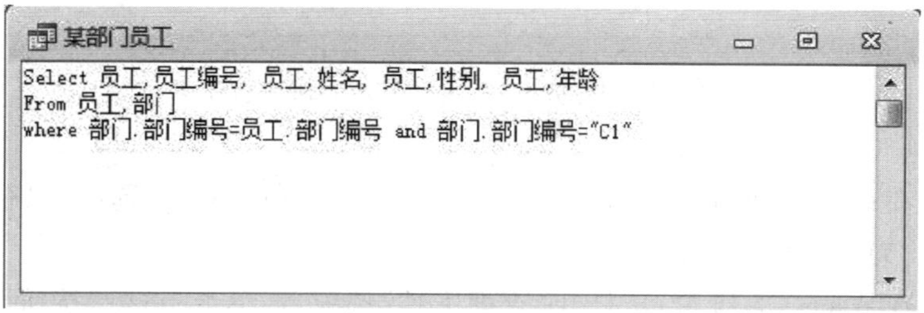

图 5-35 表(员工)和表(部门)等值连接

(5) 在 Access 系统窗口，打开“文件”选项卡，选择“保存”选项，保存查询(某部门员工)，结束查询的创建。

(6) 在 Access 系统窗口，打开“查询工具”选项卡，单击“运行”按钮，运行查询(某部门员工)，如图 5-36 所示。

某部门员工

员工编号	姓名	性别	年龄
C10201	解晓函	女	27
C10202	霍热平	男	32
C10203	肖淡薄	男	29

记录: 第 1 项(共 3 项) 无筛选器 搜索

图 5-36 查询结果(某部门员工)

微视频 5-5
Access 多表连接查询

5.4.4 嵌套查询

1. 实验目的

熟悉“查询设计”工作环境，掌握利用 SQL 进行嵌套查询的操作方法。

2. 实验题目-1

在“阳光超市管理系统”数据库中，查询“营业部”的部门员工信息。

3. 操作步骤-1

(1) 打开数据库(阳光超市管理系统)。

(2) 打开表(部门)，参见图 5-29。

(3) 打开表(员工)，参见图 5-30。

(4) 在SQL 视图窗口中，输入 SQL 语句，实现表的等值嵌套连接，如图 5-37 所示。

图 5-37 表(员工)和表(部门)等值嵌套连接

(5) 在 Access 系统窗口，打开“文件”选项卡，选择“保存”选项，保存查询(部门员工)，结束查询的创建。

(6) 在 Access 系统窗口，打开“查询工具”选项卡，单击“运行”按钮，运行查询(部门员工)，如图 5-38 所示。

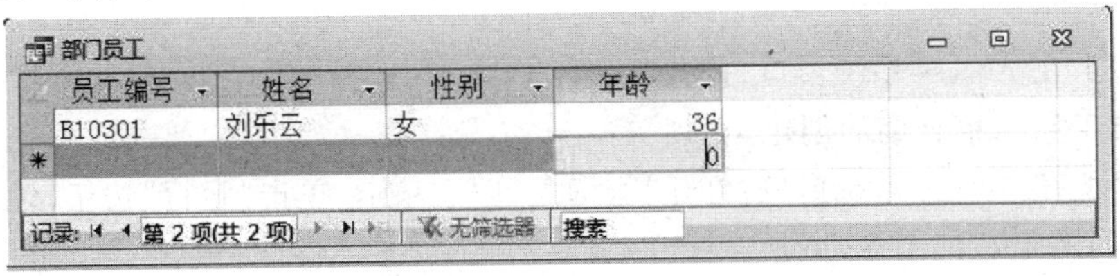

图 5-38 查询结果(部门员工)

微视频 5-6
Access 等值连接查询

4. 实验题目-2

在“阳光超市管理系统”数据库中，查询部门名称为“营业部”“销售部”和“财务处”的员工信息。

5. 操作步骤-2

(1) 打开数据库(阳光超市管理系统)。

(2) 打开表(部门)，参见图 5-29。

(3) 打开表(员工)，参见图 5-30。

(4) 在 SQL 视图窗口中，输入 SQL 语句，如图 5-39 所示。

图 5-39 表(员工和部门)包含嵌套连接

(5) 在 Access 系统窗口,打开“文件”选项卡,选择“保存”选项,保存查询(多部门员工),结束查询的创建。

(6) 在 Access 系统窗口,打开“查询工具”选项卡,单击“运行”按钮,运行查询(多部门员工),如图 5-40 所示。

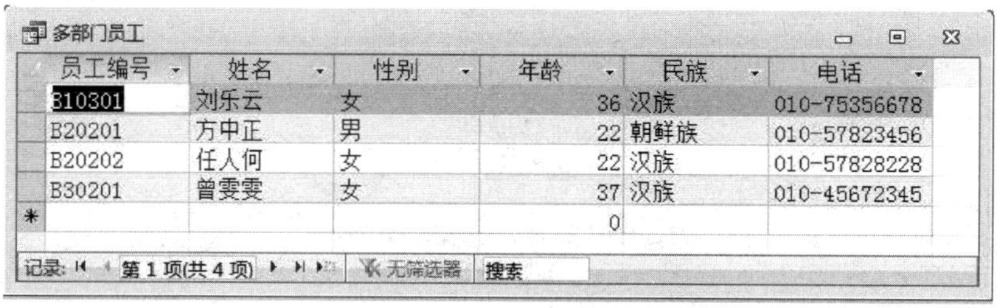

图 5-40 查询结果(多部门员工)

6. 实验题目-3

在“阳光超市管理系统”数据库中,查询员工年龄超过“销售部”员工年龄的所有其他部门的员工的信息。

7. 操作步骤-3

(1) 打开数据库(阳光超市管理系统)。

(2) 打开表(部门),参见图 5-29。

(3) 打开表(员工),参见图 5-30。

(4) 在 SQL 视图窗口中,输入 SQL 语句,实现表的多层嵌套连接,如图 5-41 所示。

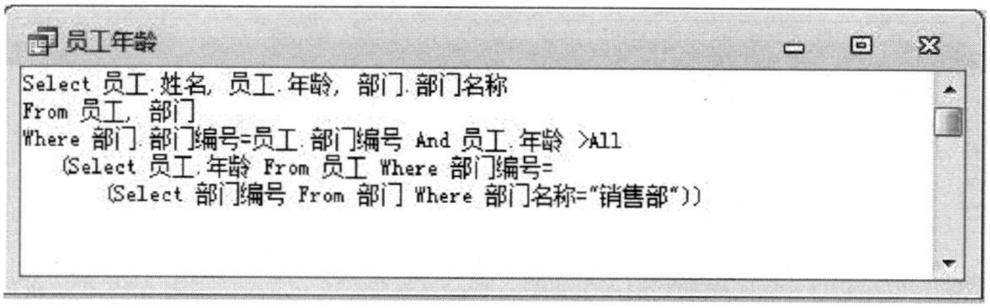

图 5-41 表(员工)和表(部门)多层嵌套连接

(5) 在 Access 系统窗口,打开“文件”选项卡,选择“保存”选项,保存查询(员工年龄),结束查询的创建。

(6) 在 Access 系统窗口,打开“查询工具”选项卡,单击“运行”按钮,运行查询(员工年龄),如图 5-42 所示。

微视频 5-7
Access嵌套查询

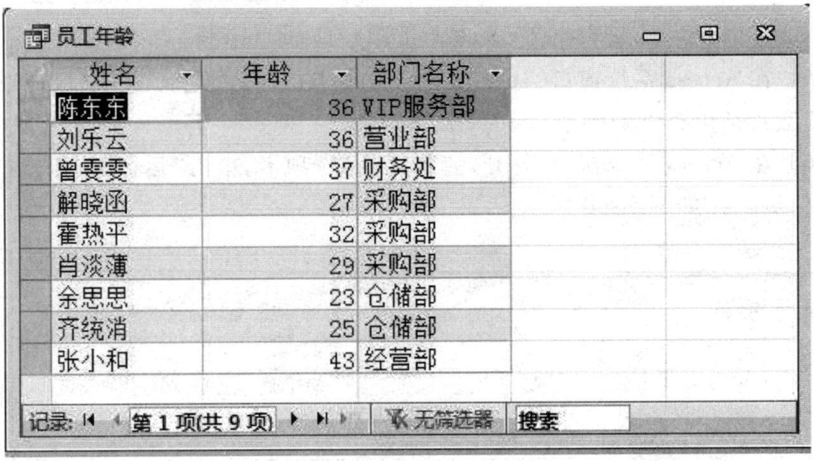
员工年龄

姓名	年龄	部门名称
陈东东	36	VIP服务部
刘乐云	36	营业部
曾雯雯	37	财务处
解晓函	27	采购部
霍热平	32	采购部
肖淡薄	29	采购部
余思思	23	仓储部
齐统消	25	仓储部
张小和	43	经营部

记录: 第 1 项(共 9 项) 无筛选器 搜索

图 5-42 查询结果(员工年龄)

第 6 章　窗体设计

窗体是 Access 数据库中应用最为广泛的数据库对象，它是数据库中数据输入、输出的常用界面。利用窗体可以完成对数据库的多种操作，如数据输入、输出、编辑，以及接收随机的输入信息等；窗体可以为用户提供一个形式美观、内容丰富的数据库操作界面；通过窗体可以方便、快捷地为备注型字段输入数据，可以直接浏览 OLE 字段中的数据；窗体背景与前景内容的设置会给用户提供一个非常友好的数据库操作界面。

6.1　面向对象编程基础

在 Access 中，设计窗体、报表和模块时，引入了面向对象编程技术，本节将结合窗体设计介绍对象、控件、属性、事件和方法这些与面向对象编程技术相关的概念。

6.1.1　对象

对象(Object)是独立于主体的现实世界中某个客观存在的事物，同时对象又是被主体所认识的对象，是主体对特定客观事物属性及行为特征的描述。每个对象都具有描述其特征的属性以及附属于它的行为。

对象是主体视野中的对象，对象总是一个或大，或小，范畴不同的并具有相对整体性的事物。在现实世界中，如果把某一台电视机看成是一个对象，用一组名词就可以描述电视机的基本特征：如 34 英寸、高彩色分辨率和超薄等，这是电视作为对象的物理特征；按操作说明对电视机进行开启、关闭、调节亮度、调节色度、接收电视信号等操作，这是对象可执行的动作，是电视机的内部功能。而这一现实世界中的物理实体在计算机中的逻辑映射，则被称为“对象”。其具体体现就是对象所具有的描述其特征的属性(属性)及附属于它的行为，即对象的操作(方法)和对象的响应(事件)。

对象把事物的属性和行为封装在一起，是一个动态的概念，对象是面向对象编程的基本元素，是基本的运行实体，如窗体、各种控件等。

如果把窗体看成是一个对象，窗体可以有如下属性和行为特征。

(1) 窗体的标题。

(2) 窗体的大小。

（3）窗体的前景和背景颜色。

（4）窗体中所显示信息的内容及格式。

（5）窗体中容纳哪些控件。

（6）窗体的事件、方法。

另外，将命令按钮也可以看成是窗体容纳的一个对象，命令按钮可以有如下属性和行为特征。

（1）命令按钮在窗体的位置。

（2）命令按钮的标题。

（3）命令按钮的大小。

（4）命令按钮的事件、方法。

任何一个对象都有属性、事件和方法三个要素，它们各自从不同的角度表达了对象的构成，通过三者有机地结合，便构成面向对象方式应用程序的基本元素。

根据对象是否自身能容纳其他对象特性，一般将其分为容器、控件两类对象。通常窗体和报表包含的对象是控件类对象，简称为控件。如一般把窗体、报表称为容器类对象（简称为对象），而把窗体和报表包含的按钮、标签等称为控件类对象（简称为控件）；有些控件可以与表中的字段绑定在一起，也有一些控件独立于窗体和报表之外，如形状、线段控件；有些控件可以通过内存变量赋值，实现数据输出操作，如图片、图像、文本框、列表框和组合框等。

6.1.2　属性

属性（Attribute）是对象的物理性质，是用来描述和反映对象特征的参数，一个对象的诸多属性所包含的信息，反映了这个对象的状态，属性不仅决定了对象的外观，有时也决定了对象的行为。

1. 利用“属性表”窗口设置对象属性

打开窗体设计窗口，右击要设置属性的对象，打开快捷菜单，在快捷菜单中选择“属性”命令，打开“属性表”窗口，如图6-1所示。

2. 利用命令语句设置对象属性

设置属性语句格式一：

```
[<集合名>].<对象名>.属性名 = <属性值>
```

设置属性语句格式二：

```
With  <对象名>
<属性值表>
End with
```

其中，<集合名>通常是一个容器类的对象，它本身包含一组相关的对象，如窗体、报表和数据访问页等。

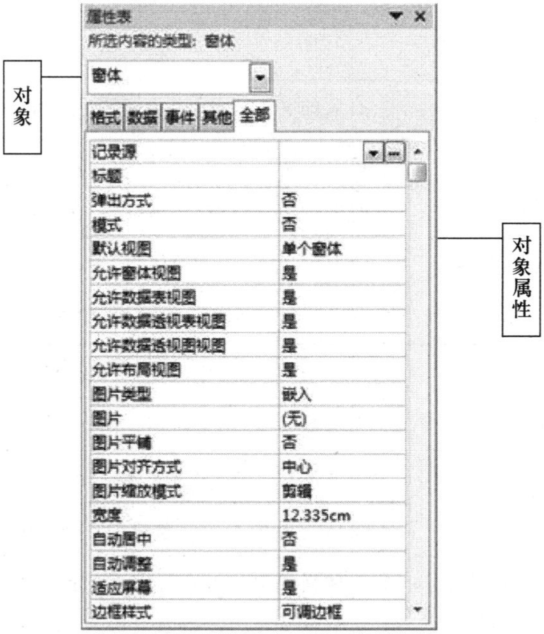

图 6-1　“属性表”窗口

表 6-1 所列的是对象常用属性，详细内容参见附录二。

表 6-1　对象常用属性

属性名称	编码关键字	说明
标题	Caption	对象的显示标题，用于窗体、标签、命令按钮等控件
名称	Name	对象的名称，用于节，控件
控件来源	ControlSource	控件显示数据，编辑绑定到表、查询和 SQL 命令字段，也可显示表达式的结果，用于表框、组合框、绑定对象框等控件
背景色	BackColor	对象的背景色，用于节，标签、文本框、列表框等控件
前景色	ForeColor	对象的前景色，用于标签、文本框、命令按钮等控件
字体名称	FontName	对象的字体，用于标签、文本框、命令按钮、列表框等控件
字体大小	FontSize	对象的文字大小，用于标签、文本框、命令按钮等控件

续表

属性名称	编码关键字	说明
字体粗细	FontBold	对象的文本粗细,用于标签、文本框、命令按钮等控件
倾斜字体	FontItalic	指定对象的文本是否倾斜,用于标签、文本框等控件
背景风格	BackStyle	对象的显示风格,用于标签、文本框、图像等控件
边框风格	BorderStyle	对象的风格,用于窗体、标签、文本框等控件
图片	Picture	对象是否用图形作为背景,用于窗体、命令按钮等控件
宽度	Width	对象的宽度,用于窗体,所有控件
高度	Height	对象的高度,用于窗体,所有控件
记录源	RecordSource	窗体的数据源,用于窗体
自动居中	AutoCenter	窗体是否在 Access 窗口内自动居中,用于窗体
记录选定器	RecordSelectors	窗体视图中是否显示记录选定器,用于窗体
导航按钮	NavigationButtons	是否显示导航按钮和记录编号框,用于窗体
控制框	Controlbox	窗体是否有“控制”菜单和按钮,用于窗体
最大化按钮	MaxButtons	窗体标题栏中最大化是否可见,用于窗体
最大、小化按钮	MinMaxButtons	窗体标题栏中最大化、最小化按钮是否可见,用于窗体
关闭按钮	CloseButton	窗体标题栏中关闭按钮是否有效,用于窗体
可移动的	Moveable	窗体视图能否移动,用于窗体

6.1.3 事件和方法

1. 事件

事件(Event)就是每个对象可能用以识别和响应的某些行为和动作。

在 Access 中,一个对象可以识别和响应一个或多个事件,这些事件是通过宏和 Visual Basic 事件代码定义的。

利用 Visual Basic 代码定义事件过程的语句格式如下。

```
Private Sub 对象名称_事件名称([(参数列表)])
<程序代码>
End Sub
```

其中:

对象名称指的是对象(名称)属性定义的标识符,这一属性必须在“属性”窗口进行定义。

事件名称是某一对象能够识别和响应的事件。

程序代码是 Visual Basic 提供的操作语句序列。

表 6-2 所列的是对象核心事件及功能。

表 6-2 对象核心事件及功能

事件	触发时机
打开(Open)	打开窗体,但第一条记录尚未显示时
加载(Load)	窗体打开并显示记录时
调整大小(Resize)	窗体打开后,窗体大小有所更改时
激活(Activate)	窗体变成活动窗口时
成为当前(Current)	窗体中焦点移到一条记录时,窗体刷新时,重新查询时
获得焦点(GotFocus)	对象获得焦点时
单击(Click)	单击鼠标左键时
双击(DbClick)	双击鼠标左键时
鼠标按下(MouseDown)	按下鼠标按键时
鼠标移动(MouseMove)	移动鼠标时
鼠标释放(MouseUp)	释放鼠标按键时
击键(KeyPress)	按下并释放某键盘按键时
更新前(BeforeUpdate)	在控件或记录更新时
更新后(AfterUpdate)	控件中数据被改变或记录更新后
失去焦点(LostFocus)	对象失去焦点时
卸载(Unload)	窗体关闭后,但从屏幕上删除前
停用(Deactivate)	窗体变成不是活动窗口时
关闭(Close)	窗体关闭,并从屏幕上删除时

2. 方法

方法(Method)是附属于对象的行为和动作,也可以将其理解为指示对象动作的命令。方法是在事件代码中被调用。

调用方法的语句格式如下。

[<对象名>].方法名

方法是面向对象的,所以对象的方法调用一般要指明对象。

3. 利用代码窗口编辑对象的事件和方法

右击"窗体设计"窗口,打开快捷菜单,在快捷菜单中选择"事件生成器"命令,打开代码窗口,如图6-2所示。

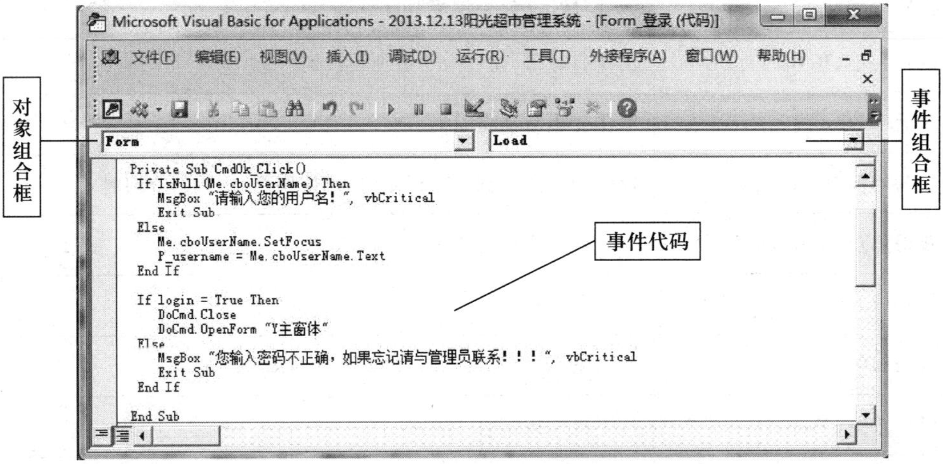

图6-2 代码窗口

在代码窗口,首先通过对象组合框提供的参数选择对象,然后再通过事件组合框提供的参数选择事件,这时系统自动给出事件过程的开头和结束语句。

6.2 窗体的组成

窗体通常由页眉、页脚及主体三部分组成。

页眉位于窗体的最上方,又称页眉节,分为窗体页眉和页面页眉,窗体页眉在执行窗体时可显示,页面页眉只有在打印时输出。

页脚位于窗体的最下方,又称页脚节,分为窗体页脚和页面页脚,窗体页脚在执行窗体时可显示,页面页脚只有在打印时输出。

页眉与页脚中间部分称之为主体,又称之主体节,它是窗体的核心内容。

窗体组成如图6-3所示。

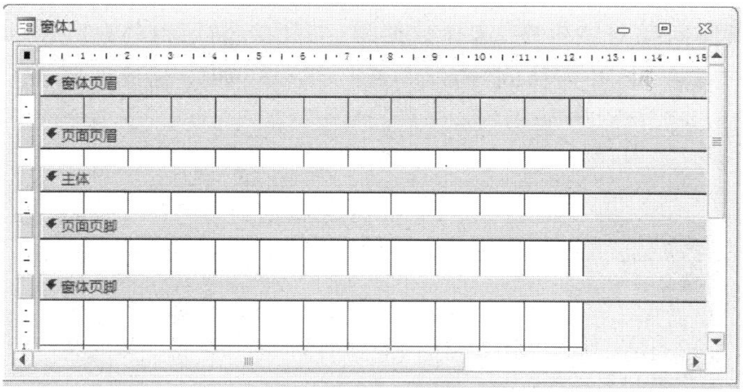

图 6-3 窗体组成

6.3 创建与编辑窗体

在 Access 中，系统提供了快速创建窗体的工具，用户可以利用窗体设计、窗体向导等系统工具，方便、快捷地完成数据窗体的创建，可利用窗体设计编辑窗体。

6.3.1 创建窗体

1. 实验目的

熟悉窗体向导工作环境，掌握使用窗体向导创建窗体的一般方法操作方法。

2. 实验题目

创建窗体。

3. 操作步骤

（1）打开数据库（阳光超市管理系统）。

（2）在 Access 系统窗口中，选择“创建”选项卡，在“窗体”子功能区中，单击“窗体向导”按钮，打开窗体向导对话框，如图 6-4 所示。

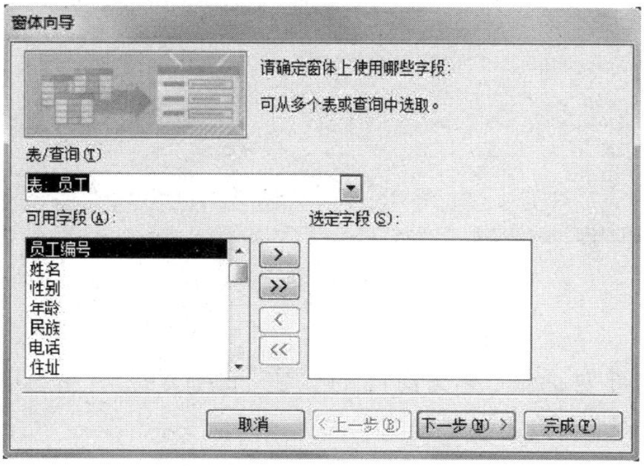

图 6-4 “窗体向导”窗口

(3) 在窗体向导对话框中,选择数据源(员工),确定窗体(员工)所需的字段,单击“下一步”按钮,打开窗体向导的下一个对话框,如图6-5所示。

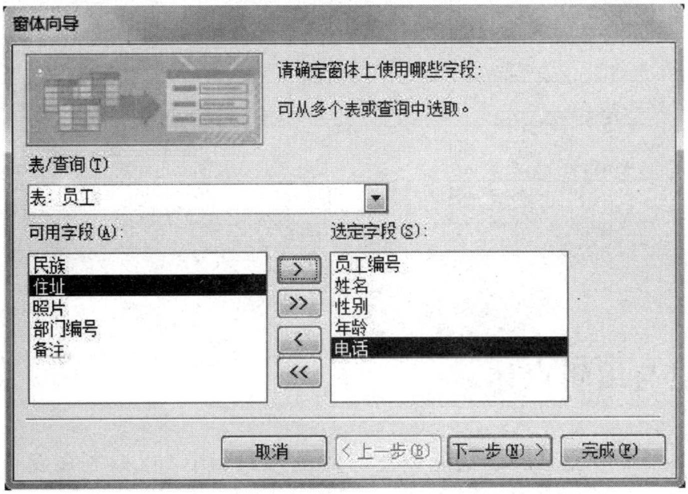

图6-5 确定所需的字段

(4) 在窗体向导对话框,选择窗体的布局格式,单击“下一步”按钮,打开窗体向导的下一个对话框,如图6-6所示。

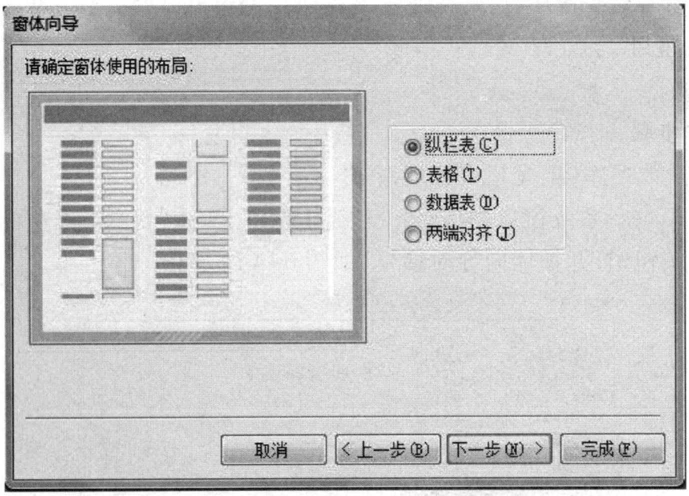

图6-6 选择窗体的布局

(5) 在窗体向导对话框,定义窗体的标题,如图6-7所示。

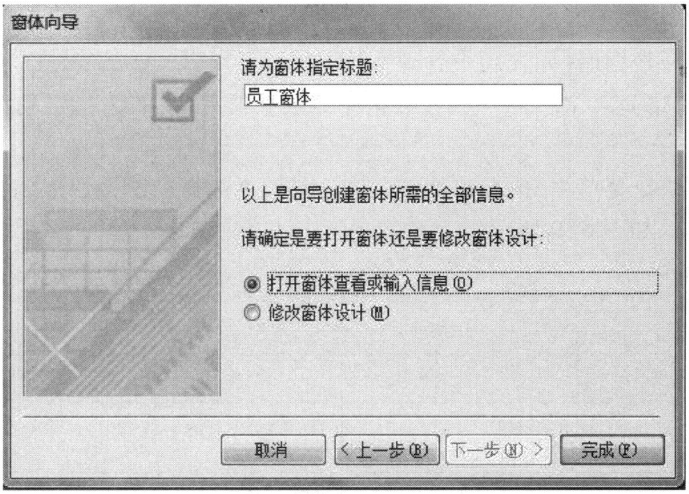

图 6-7 定义窗体的标题

(6) 保存并打开窗体(员工窗体),如图 6-8 所示,结束窗体的创建。

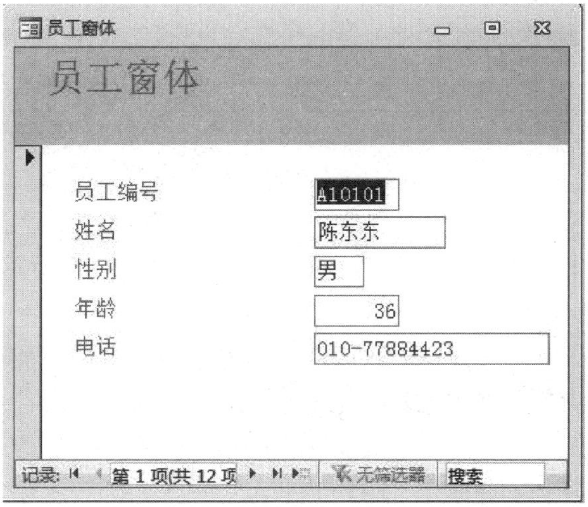

图 6-8 打开窗体(员工窗体)

微视频 6-1
Access 向导创建窗体

6.3.2 编辑窗体

1. 实验目的

熟悉窗体向导工作环境,掌握使用窗体设计编辑窗体的一般操作方法。

2. 实验题目

编辑窗体。

3. 操作步骤

(1) 打开数据库(阳光超市管理系统)。

(2) 在 Access 系统窗口中,在数据库对象导航栏中,右击指定的对象,打开快捷菜单。

(3) 在快捷菜单中,选择窗体(员工窗体),再选择“设计视图”命令,打开“窗体设计”窗口,如图6-9所示。

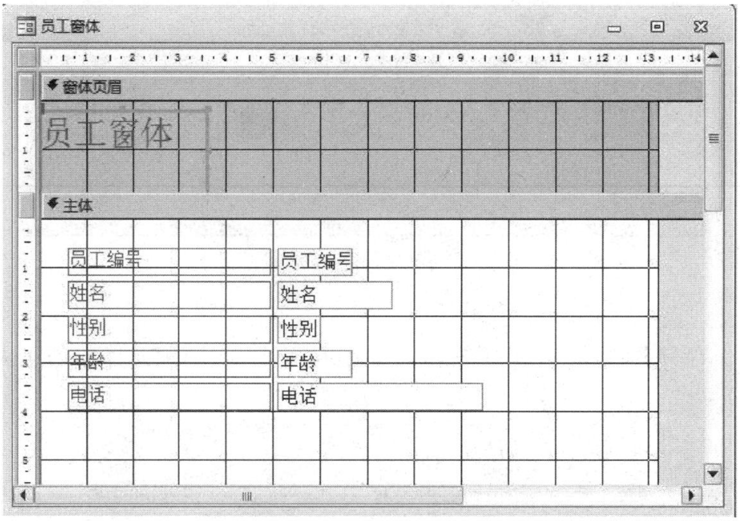

图6-9 “窗体设计”窗口

(4) 在窗体设计窗口,编辑窗体(员工窗体),如图6-10所示。

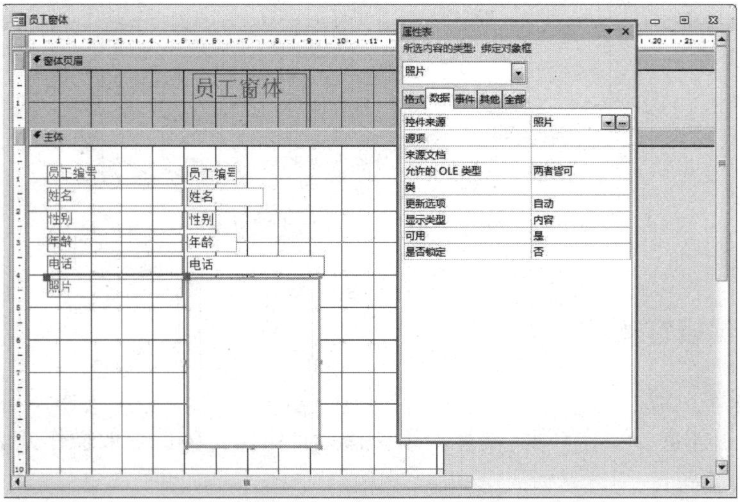

图6-10 编辑窗体(员工窗体)

(5) 保存并打开窗体(员工窗体),如图 6-11 所示,结束窗体的编辑。

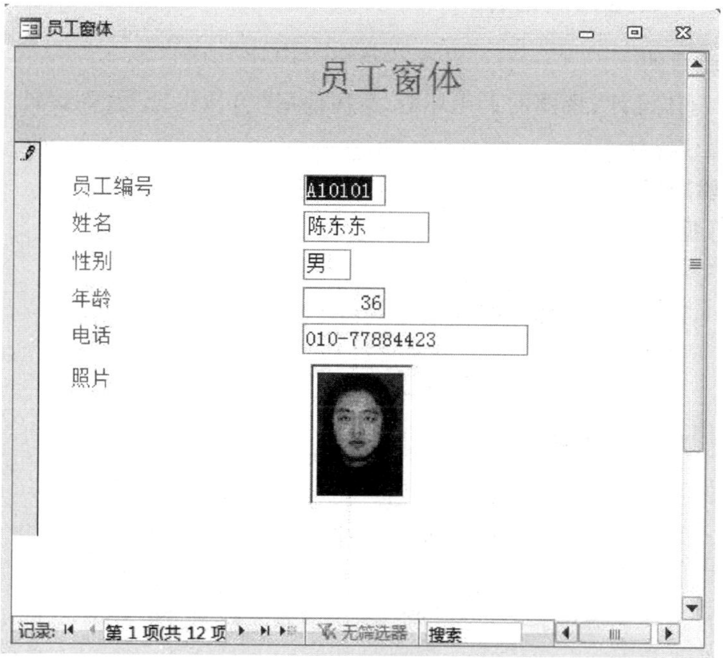

图 6-11 新窗体(员工窗体)

6.4 设计窗体

在窗体设计窗口中,打开“设计”子选项卡,可以打开窗体“控件”子功能区,如图 6-12 所示。

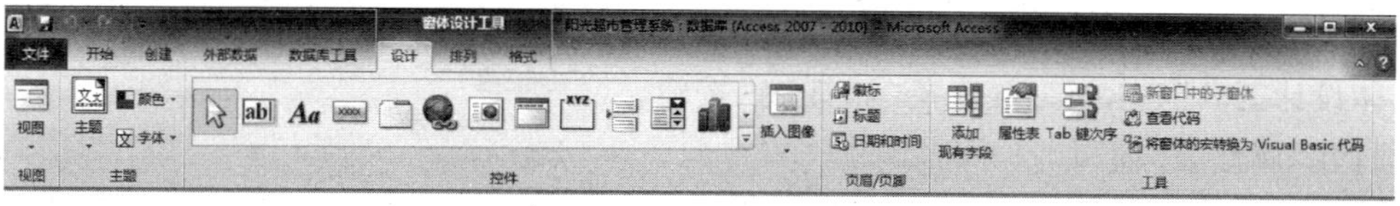

图 6-12 “控件”子功能区

用鼠标将“控件”子功能区中的任意一个按钮拖(或双击)到窗体中,则会在窗体中添加一个控件,用户设计控件的属性、事件和方法是窗体设计的核心内容,只有很好地设计窗体中控件才能发挥其应有的作用。

6.4.1 设计数据输入窗体

1. 实验目的

熟悉“窗体设计”视图的工作环境，掌握使用“窗体设计”视图设计数据输入窗体的一般操作方法。

2. 实验题目

设计数据输入窗体，如图 6-13 所示。

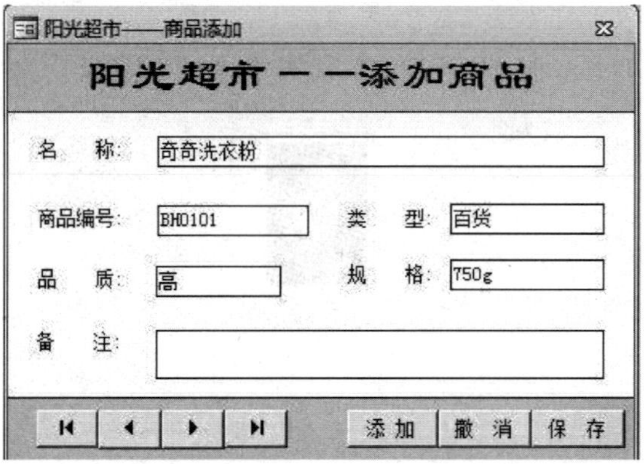

图 6-13 数据输入窗体

3. 操作步骤

(1) 打开数据库(阳光超市管理系统)。

(2) 在 Access 系统窗口，首先，选择“窗体”为操作对象，打开“创建”选项卡，然后，单击“窗体设计”按钮，打开“窗体设计”窗口。

(3) 在“窗体设计”窗口，首先选择“窗体设计工具”选项卡，再选择“属性表”按钮，打开“属性表”窗口。

(4) 在“属性表”窗口，选择“数据”选项卡，再选择创建窗体所需的数据源(商品)，如图 6-14 所示。

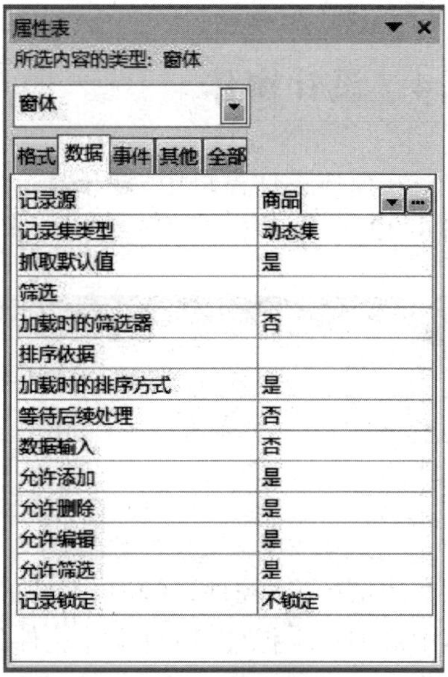

图 6-14 选择数据源

(5) 在窗体设计窗口，打开“排列”选项卡，添加窗体页眉/页脚，如图 6-15 所示。

(6) 在窗体设计窗口，打开“设计”选项卡，设计窗体属性。

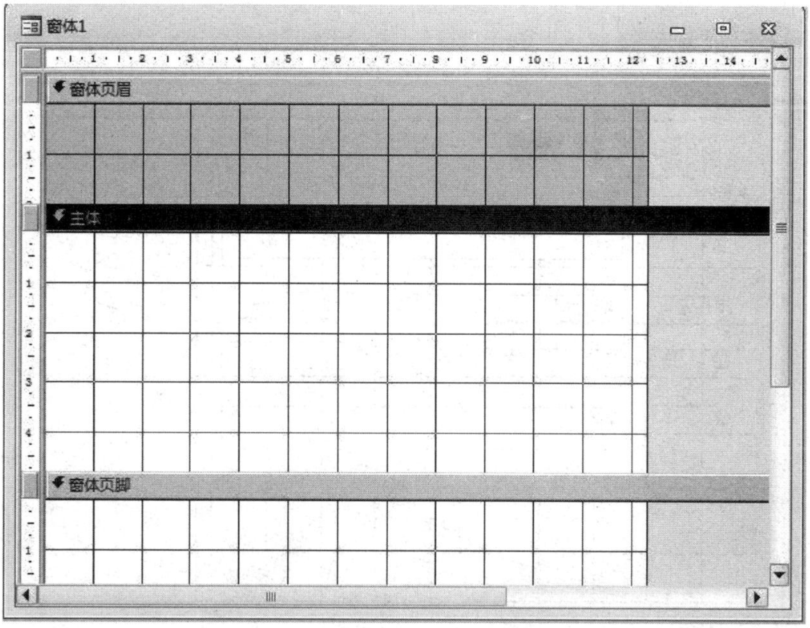

图 6-15 添加窗体页眉/页脚

窗体属性(商品添加)如表 6-3 所示。

表 6-3 “商品添加”窗体属性

对象	对象名	属性	事件
窗体	商品添加	标题:商品添加	无
		滚动条:两者均无	
		记录选择器:否	
		导航按钮:否	
		自动居中:是	
		自动调整:是	
		边框样式:对话框边框	
		记录源:商品	

(7) 在“窗体设计”窗口,打开“设计”选项卡,添加页眉和窗体主体所需的控件,并设计其属性,如图 6-16 所示。

窗体(商品添加)页眉和主体控件属性如表 6-4 所示。

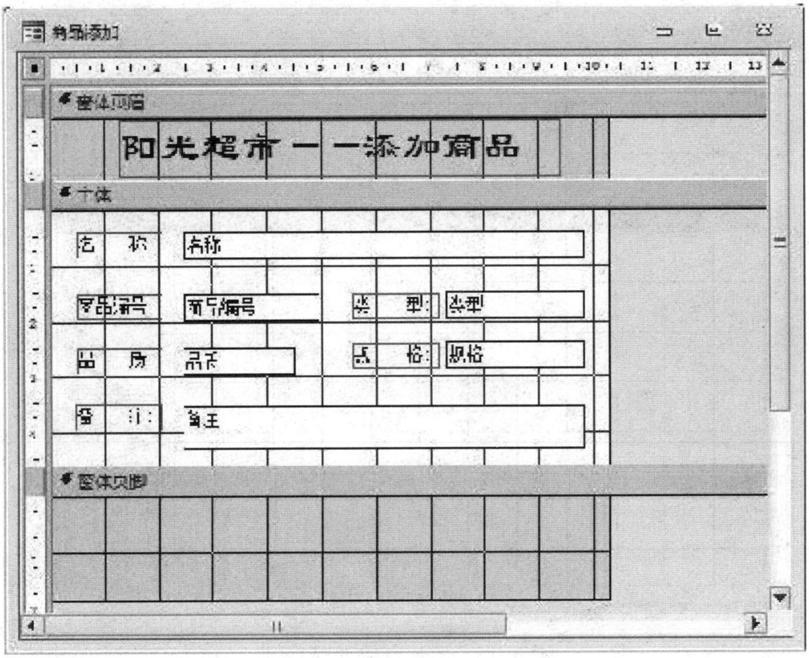

图 6-16 （商品添加）页眉和窗体主体控件

表 6-4 “商品添加”页眉和主体控件属性

对象	对象名	属 性	事件
标签	标签 10	标题:阳光超市——添加商品	无
	标签 0	标题:名 称:	
	标签 1	标题:商品编号:	
	标签 2	标题:类 型:	
	标签 3	标题:品 质:	
	标签 4	标题:规 格:	
	标签 5	标题:备 注:	
文本框	名称	控件来源:名称	无
	商品编号	控件来源:商品编号	
	类型	控件来源:类型	
	品质	控件来源:品质	
	规格	控件来源:规格	
	备注	控件来源:备注	

(8) 在窗体设计窗口，打开“设计”选项卡，添加命令按钮控件，打开“命令按钮向导”对话框。

(9) 在命令按钮向导对话框，选择命令按钮的操作类别和具体的操作，单击“下一步”按钮，打开命令按钮向导的下一个对话框，如图 6-17 所示。

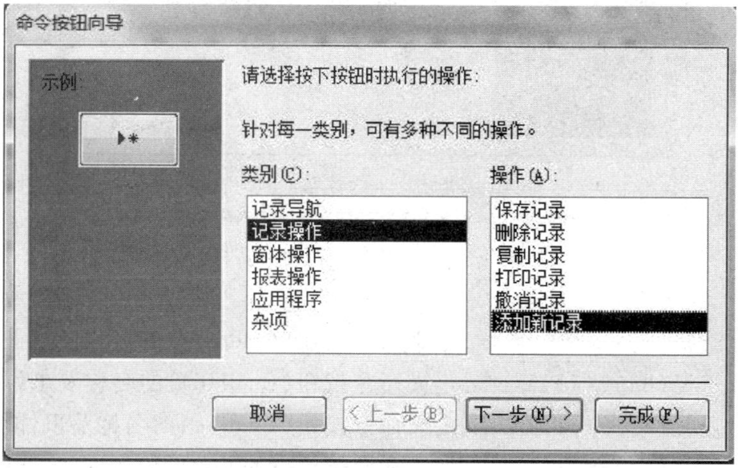

图 6-17 命令按钮的操作

(10) 在命令按钮向导对话框，选择命令按钮的显示方式，单击“下一步”按钮，打开命令按钮向导的下一个对话框，如图 6-18 所示。

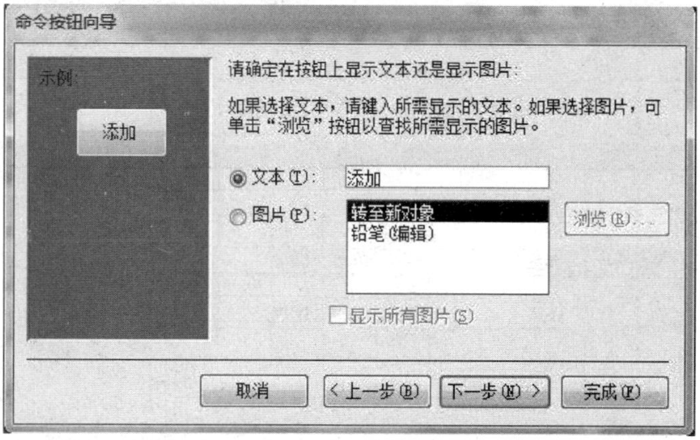

图 6-18 命令按钮的显示方式

(11) 在命令按钮向导对话框，定义命令按钮的名称(CmdAddNew)，单击“完成”按钮，结束一个命令按钮事件和名称的设计，如图 6-19 所示。

(12) 重复(8)—(11) 操作，定义命令按钮(CmdCan)的名称及事件。

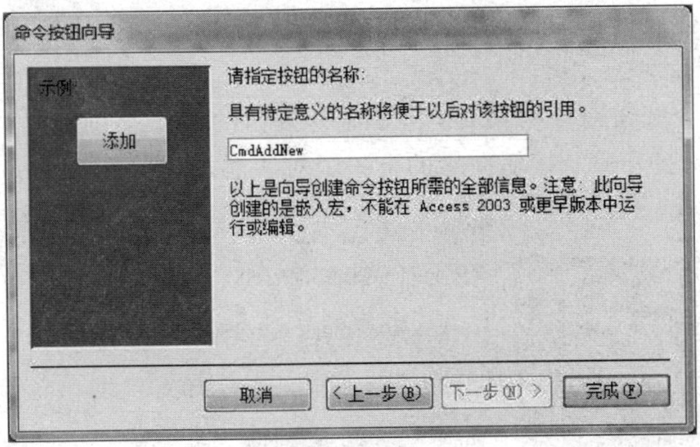

图 6-19　定义命令按钮的名称

(13) 重复(8)—(11) 操作,定义命令按钮(CmdSave)的名称及事件。

(14) 重复(8)—(11) 操作,定义命令按钮(CmdFirst)的名称及事件。

(15) 重复(8)—(11) 操作,定义命令按钮(CmdPre)的名称及事件。

(16) 重复(8)—(11) 操作,定义命令按钮(CmdNext)的名称及事件。

(17) 重复(8)—(11) 操作,定义命令按钮(CmdLast)的名称及事件。

(18) 在窗体设计窗口,打开“设计”选项卡,设计命令控件其他属性及命令控件的摆放位置,如图 6-20 所示。

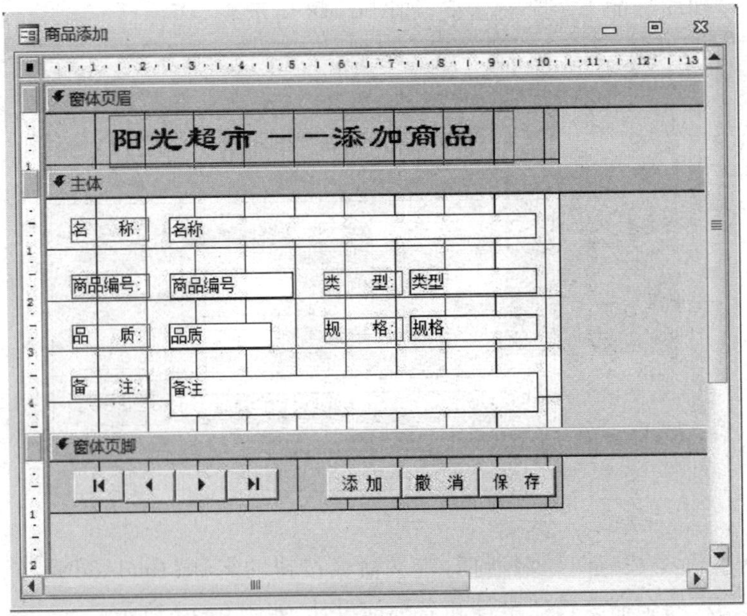

图 6-20　确定命令控件摆放位置

窗体(商品添加)命令控件其他属性如表6-5所示。

表6-5 “商品添加”命令按钮控件属性

对象	对象名	属 性	事件
命令按钮	CmdFirst	左边距:0.499cm	Click事件代码是系统自动生成的
		上边距:0.199cm	
		高度:0.6cm	
		宽度:1cm	
	CmdPre	左边距:1.534cm	
		其他与CmdFirst相同	
	CmdNext	左边距:2.566cm	
		其他与CmdFirst相同	
	CmdLast	左边距:3.598cm	
		其他与CmdFirst相同	
	CmdAddNew	标题:添加	
		上边距:0.199cm	
		左边距:5.598cm	
		高度:0.6cm	
		宽度:1.501cm	
	CmdCan	标题:撤 销	
		左边距:6.116cm	
		其他与CmdAddNew相同	
	CmdSave	标题:保 存	
		左边距:8.651cm	
		其他与CmdAddNew相同	

(19) 保存窗体,结束窗体(商品添加)的创建。

6.4.2 设计数据浏览窗体

微视频6-2
Access数据输入窗体

1. 实验目的

熟悉“窗体设计”视图的工作环境,掌握使用“窗体设计”视图设计数据浏览窗体的一般操作方法。

2. 实验题目

设计数据浏览窗体,如图6-21所示。

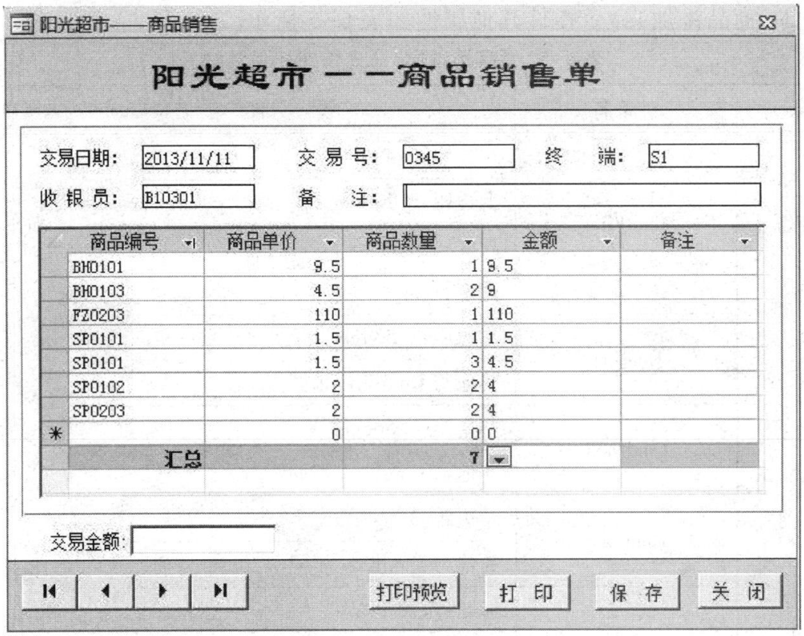

图 6-21 数据浏览窗体

3. 操作步骤

(1) 打开数据库(阳光超市管理系统)。

(2) 在 Access 系统窗口,首先选择窗体为操作对象,打开“创建”选项卡,再单击“窗体设计”按钮,打开窗体设计窗口。

(3) 在窗体设计窗口,首先选择“窗体设计工具”选项卡,再选择“属性”按钮,打开“属性表”窗口。

(4) 在窗体设计窗口,打开快捷菜单,选择“属性表”命令,打开“属性表”窗口。

(5) 在“属性表”窗口,选择“数据”选项卡,再选择创建窗体所需的数据源(交易)。

(6) 在窗体设计窗口,打开“排列”选项卡,添加窗体页眉/页脚。

(7) 在窗体设计窗口,打开“设计”选项卡,设计窗体(商品销售管理)属性,如表 6-6 所示。

表 6-6 “商品销售管理”窗体属性

对象	对象名	属 性	事件
窗体	商品销售管理	标题:商品销售管理	无
		滚动条:两者均无	

续表

对象	对象名	属　　性	事件
窗体	商品销售管理	记录选择器:否	无
		导航按钮:否	
		自动居中:是	
		自动调整:是	
		边框样式:对话框边框	
		记录源:交易	

(8) 在窗体设计窗口,打开“设计”选项卡,添加页眉和窗体主体所需的控件,并设计其属性,如图 6-22 所示。

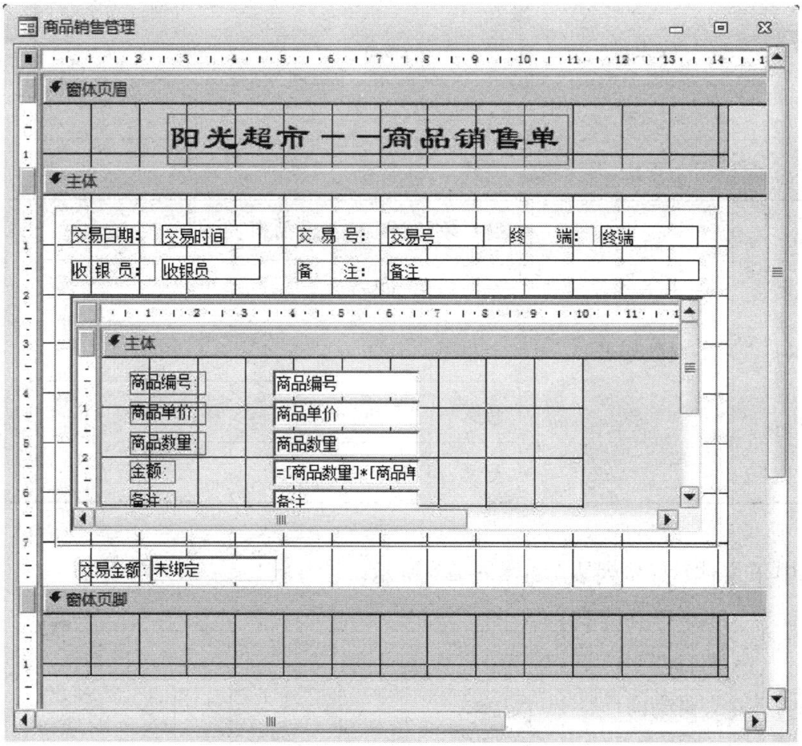

图 6-22　窗体页眉和主体控件(商品销售管理)

窗体(商品销售管理)页眉和主体控件属性,如表 6-7 所示。

表 6-7 “商品销售管理”页眉和主体控件属性

对象	对象名	属性	事件
标签	Label5	标题:阳光超市——商品销售单	无
	Label0	标题:交易日期:	
	Label1	标题:交 易 号:	
	Label2	标题:收 银 员:	
	Label3	标题:备　　注:	
	Label4	标题:终　　端:	
文本框	交易日期	控件来源:交易日期	无
	交易号	控件来源:交易号	
	收银员	控件来源:收银员	
	终端	控件来源:终端	
	备注	控件来源:备注	
子窗体	商品列表	源对象:销售_购买商品列表	无
		左边距:0.608cm	
		上边距:2.063cm	
		高度:4.735cm	
		宽度:13.069cm	

其中子窗体(商品列表)如图 6-23 所示。

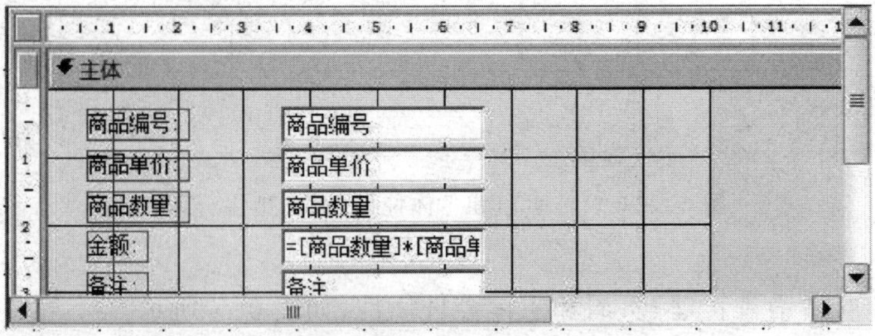

图 6-23 子窗体(商品列表)

(9) 在窗体设计窗口,打开"设计"选项卡,添加命令按钮控件,打开"命令按钮向导"对话框。

(10) 在命令按钮向导对话框,按照命令按钮向导对话框引导定义每个命令按钮的事件以及每个命令按钮的属性,如图 6-24 所示。

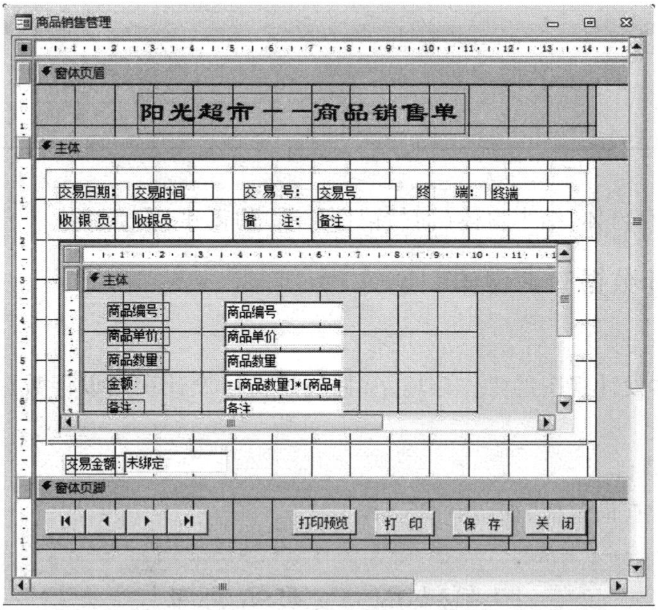

图 6-24 确定窗体(商品销售管理)命令控件摆放位置

窗体(商品销售管理)命令控件其他属性如表 6-8 所示。

表 6-8 "商品销售管理"命令按钮控件属性

对象	对象名	属 性	事件
命令按钮	CmdFirst	左边距:0.265cm	Click 事件代码是系统自动生成的
		上边距:0.265cm	
		高度:0.6cm	
		宽度:1cm	
	CmdPre	左边距:1.291cm	
		其他与 CmdFirst 相同	
	CmdNext	左边距:2.323cm	
		其他与 CmdFirst 相同	
	CmdLast	左边距:3.354cm	
		其他与 CmdFirst 相同	

续表

对象	对象名	属　　性	事件
命令按钮	CmdClose	标题:关　闭	Click 事件代码是系统自动生成的
		上边距:0.265cm	
		左边距:12.46cm	
		高度:0.6cm	
		宽度:1.501cm	

(11) 保存窗体,结束窗体(商品销售管理)的创建。

微视频 6-3
Access浏览窗体

6.4.3 设计数据查询窗体

1. 实验目的

熟悉窗体设计视图的工作环境,掌握使用窗体设计视图设计数据查询窗体的一般操作方法。

2. 实验题目

设计数据查询窗体,如图 6-25 所示。

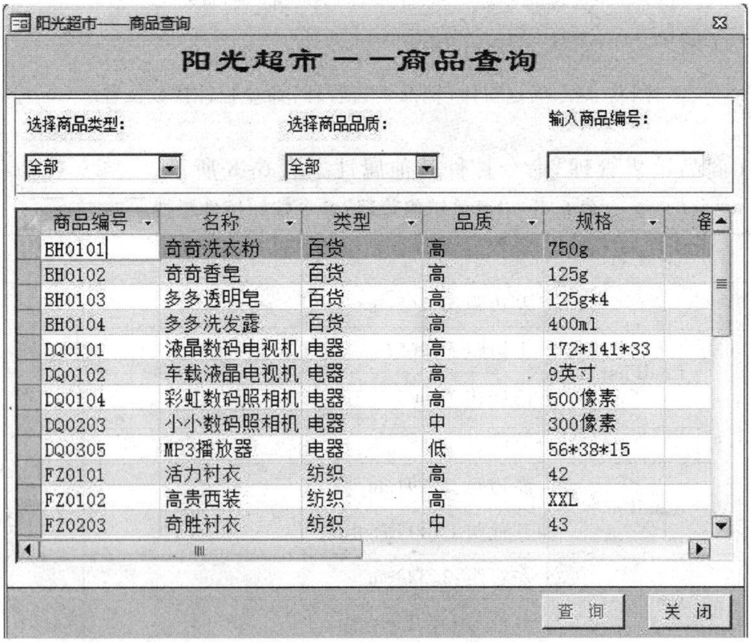

图 6-25　数据查询窗体

3. 操作步骤

（1）打开数据库（阳光超市管理系统）。

（2）在 Access 系统窗口，首先选择"窗体"为操作对象，打开"创建"选项卡，再单击"窗体设计"按钮，打开"窗体设计"窗口。

（3）在窗体设计窗口，确定数据来源，或为窗体添加控件。

（4）在"属性表"窗口，设计窗体或控件属性，窗体及主要控件的布局参照图 6-25 设计。

（5）在"属性表"窗口，窗体及主要控件的属性如表 6-9 所示。

表 6-9 "商品查询"窗体及控件的属性

对象	对象名	属 性	事 件
窗体	商品查询	标题:阳光超市——商品查询	无
		滚动条:两者均无	
		记录选择器:否	
		导航条按钮:否	
		自动居中:是	
		边框样式:对话框	
子窗体	商品列表	源对象:商品列表	无
组合框	Cbo1	行来源:"百货";"电器";"纺织";"化妆";"食品"	Click
	Cbo2	行来源:"高";"中";"低"	
文本框	txt1	通过文本框向导设计相关属性	无
按钮	CmdFind	标题:查询	Click
	CmdClose	标题:关 闭	
	CmdPrint	标题:打 印	
标签	Label1	标题:选择商品类型:	无
	Label2	标题:选择商品品质:	
	Label3	标题:输入商品编号:	
	Label4	标题:阳光超市——商品查询	

（6）在代码窗口，设计窗体或控件事件和方法代码。

定义系统级变量如下：

```
Option Compare Database
Dim StrSql As String
```

Cbo1_Click( )事件代码如下。

```
Private Sub Cbo1_Click()
    Dim StrSql As String
    If Cbo1.Text <> "" Then
        StrSql = "select * from 商品 where 类型='" & Cbo1.Text & "'"
        Me.商品列表.Form.RecordSource = StrSql
    End If
End Sub
```

Cbo2_Click()事件代码如下。

```
Private Sub Cbo2_Click()
    Dim StrSql As String
    If Cbo2.Text <> "" Then
        StrSql = "select * from 商品 where 品质='" & Cbo2.Text & "'"
        Me.商品列表.Form.RecordSource = StrSql
    End If
End Sub
```

CmdFind_Click()事件代码如下。

```
Private Sub CmdFind_Click()
    Dim StrSql As String
    Txt1.SetFocus
    If Txt1.Text <> "" Then
        StrSql = "select * from 商品 where 商品编号='" & Txt1.Text & "'"
    Else
        StrSql = "select * from 商品"
    End If
    Me.商品列表.Form.RecordSource = StrSql
End Sub
```

Cmdclose_Click()事件代码如下。

```
Private Sub Cmdclose_Click()
    On Error GoTo Err_CmdClose_Click
        DoCmd.Close
    Exit_CmdClose_Click:
        Exit Sub
    Err_CmdClose_Click:
        MsgBox err.Description
        Resume Exit_CmdClose_Click
```

```
    End Sub
Cmdprint_Click( )事件代码如下。
    Private Sub Cmdprint_Click( )
        DoCmd. OpenReport "超市小票", acViewPreview
    End Su
```

(7) 保存窗体,结束窗体的创建。

6.4.4 设计系统首页窗体

微视频 6-4
Access查询窗体

1. 实验目的

熟悉“窗体设计”视图的工作环境,掌握使用“窗体设计”视图设计首页窗体的一般操作方法。

2. 实验题目

设计首页窗体,如图 6-26 所示。

图 6-26 首页窗体

3. 操作步骤

(1) 打开数据库(阳光超市管理系统)。

(2) 在 Access 系统窗口,首先选择窗体为操作对象,打开“创建”选项卡,再单击“窗体设计”按钮,打开窗体设计窗口。

(3) 在窗体设计窗口,为窗体添加控件。

(4) 在“属性表”窗口,设计窗体或控件属性,窗体及主要控件的布局参照图 6-26 设计。

(5) 在“属性表”窗口,窗体及主要控件的属性如表 6-10 所示。

表 6-10 “系统首页”窗体各控件属性及事件

对象	对象名	属　　性	事件
窗体	主窗体	标题:主页	Load Timer
		滚动条:两者均无	
		记录选择器:否	
		导航条按钮:否	
		自动居中:是	
		边框样式:无	
		图片:阳光超市管理系统.jpg	

(6) 在代码窗口,设计窗体或控件事件和方法代码。

定义系统级变量如下。

```
Option Compare Database
```

Form_Load( )事件代码如下:

```
Private Sub Form_Load( )
    Me.TimerInterval = 100
End Sub
```

Form_Timer( )事件代码如下:

```
Private Sub Form_Timer( )
    Static i As Integer
    i = i + 1
    If i = 30 Then
        DoCmd.Close acForm, "splash"
        DoCmd.OpenForm "登录"
    End If
End Sub
```

(7) 保存窗体,结束窗体的创建。

6.4.5 设计系统登录窗体

1. 实验目的

熟悉窗体设计视图的工作环境,掌握使用“窗体设计”视图设计首页窗体的一般操作方法。

2. 实验题目

设计首页窗体,如图 6-27 所示。

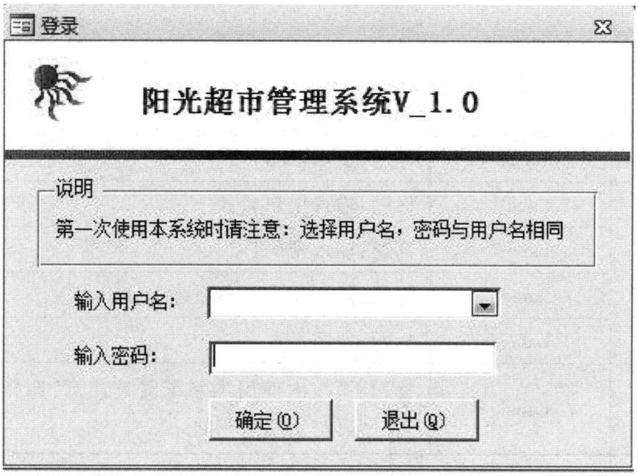

图 6-27 登录窗体

3. 操作步骤

（1）打开数据库(阳光超市管理系统)。

（2）在 Access 系统窗口,首先选择窗体为操作对象,打开“创建”选项卡,再单击“窗体设计”按钮,打开窗体设计窗口。

（3）在窗体设计窗口,确定数据来源,或为窗体添加控件。

（4）在“属性表”窗口,设计窗体或控件属性,窗体及主要控件的布局参照图 6-27 设计。

（5）在“属性表”窗口,窗体及主要控件的属性如表 6-11 所示。

表 6-11 “登录”窗体及控件的属性

对象	对象名	属性	事件
窗体	登录	标题:登录	无
		滚动条:两者均无	
		记录选择器:否	
		导航条按钮:否	
		自动居中:是	
		边框样式:对话框	
组合框	cboUserName	行来源:SELECT [用户].[Id],[用户].[username] FROM [用户] ORDER BY [Id];	Noinlist
文本框	TxtPwd	输入掩码:密码	无

续表

对象	对象名	属性	事件
按钮	CmdOk	标题:确定(&O)	单击
	CmdCancel	标题:退出(&Q)	单击
标签	Label1	标题:输入用户名:	无
	Label2	标题:输入密码:	无
	Label3	标题:阳光超市管理系统 V_1.0	无
	Label4	标题:说明	无
	Label5	标题:第一次使用本系统时请注意:选择用户名,密码与用户名相同	无

(6) 在代码窗口,设计窗体或控件事件和方法代码。

定义系统级变量如下。

```
Option Compare Database
Option Explicit '使用变量时,需要先定义
```

定义系统级函数如下。

```
Public Function login( ) As Boolean  '判断用户输入的密码是否正确
    Dim RS As New ADODB. Recordset
    Dim StrSql As String
    StrSql = "select * from 用户 where Id=" & Me. cboUserName
     RS. Open StrSql, CurrentProject. Connection, adOpenStatic, adLock-
ReadOnly
    If RS. RecordCount > 0 Then
        If RS! password = Me. TxtPwd Then
            login = True
        End If
    End If
    RS. Close
    Set RS = Nothing
End Function
```

定义系统级过程如下。

```
Private Sub AddEvent( username As String, flag As Boolean)  '记录登录
事件
    Dim RS As New ADODB. Recordset
```

```
        Dim StrSql As String
        StrSql = "select * from 日志"
        RS.Open StrSql, CurrentProject.Connection, adOpenDynamic, adLock-
    Optimistic
        RS.AddNew
        RS! 日期 = Date
        RS! 时间 = Time
        RS! 用户名 = username
        If flag = True Then
            RS! 操作 = "成功登录!"
        Else
            RS! 操作 = "登录失败,密码错误!"
        End If
        RS.Update
        RS.Close
        Set RS = Nothing
    End Sub
```

CboUserName_NotInList()事件代码如下。

```
    Private Sub CboUserName_NotInList(NewData As String, Response As Inte-
ger)
        Response =acDataErrContinue  '必须从组合框中选择用户名
    End Sub
```

CmdOk_Click()事件代码如下。

```
    Private Sub CmdOk_Click()
        If IsNull(Me.cboUserName) Then
            MsgBox "请输入您的用户名!", vbCritical
            Exit Sub
        Else
            Me.cboUserName.SetFocus
            P_username = Me.cboUserName.Text
        End If
        If login = True Then
            Call AddEvent(P_username, True)       '调用过程添加成功登录
        事件
            DoCmd.Close
```

```
            DoCmd.OpenForm "Y 主窗体"
        Else
            MsgBox "您输入的密码不正确,如果忘记请与管理员联系!!!", vbCritical
            Call AddEvent(P_username, False)  '调用过程添加登录失败事件
            Exit Sub
        End If
    End Sub
```

微视频 6-5
Access登录窗体

CmdCancel_Click( )事件代码如下。

```
    Private Sub CmdCancel_Click( )
        DoCmd.Quit acQuitSaveNone
    End Sub
```

(7) 保存窗体,结束窗体的创建。

第7章　宏设计

一个实用的数据库系统,其数据库中的数据大多数都是有多种操作和管理需求的,数据输入、数据维护、数据处理及数据输出等一系列的功能,构成了一个有着紧密联系的连贯系统,若想将数据库中所有的对象紧密联系起来,并能够协调统一地管理,就需要数据库具备一种能够对较大、较多的对象在宏观上实施控制的功能。宏、模块就是能够完成这一重要“使命”的特殊的数据库操作对象。

7.1　宏概述

宏是一种特定的编码,是一个或多个操作命令的集合。

宏以动作为基本单位,一个宏命令,能够完成一个操作动作,每一个宏命令都是由动作名和操作参数组成的。

宏可以是包含一个或多个宏命令的宏集合,若是由多个宏命令组成在一起的宏,其操作动作的执行是按宏命令的排列顺序依次完成的。另外,还可以在宏中加入条件表达式,限制宏在满足一定的条件下完成某种操作。

宏也可以定义成为宏组,把多个宏保存在一个宏中。使用时可以分别调用,这样更便于数据库中宏的管理。

宏组中的宏的调用格式如下。

<宏组名>.<宏名>

宏的使用一般是通过窗体、报表中的命令按钮控件实现的。

具体做法是:在窗体或报表中添加部分“命令按钮”控件,定义“命令按钮”控件的单击或双击事件,执行指定的“宏”操作。只要打开窗体或报表,再触发“命令按钮”控件,将实现所对应的宏操作命令的指定动作。

在Access中,“宏”与“模块”相比,更容易掌握,用户不必去记忆命令代码、命令格式及语法规则。只要了解有哪些宏命令,这些宏命令能够实现什么操作,完成什么操作任务即可。具体内容的可参见附录三(常用的宏命令)。

在Access中,宏的功能非常强大,它可以单独控制数据库的对象的操作,也可以作为窗体或报表中控件中的事件代码控制数据库的对象的操作,还可以成为实用的数据库管理系统的操作命令,从而控制整个管理系统的操作流程。因为有了宏,在Access中,用户甚至在一定条件下不用编程,就能够完成数据库应用系统的开发与设计。

7.2 宏创建及使用

在 Access 中,宏视图是创建宏的唯一环境。在宏窗口,可以完成选择宏、设置宏条件、宏操作、宏操作参数,添加或删除宏,更改宏顺序等操作。当宏创建完成后,只有运行宏,才能实现宏操作。可直接运行宏,或通过触发窗体和报表中的控件的事件属性运行宏,也可通过宏命令间接运行宏。

7.2.1 创建与编辑宏

1. 实验目的

熟悉宏视图的工作环境,掌握使用宏视图创建宏的一般方法。

2. 实验题目

创建宏。

3. 操作步骤

(1) 打开数据库(阳光超市管理系统)。

(2) 在 Access 系统窗口中,选择"创建"选项卡,在宏与代码子功能区中,单击"宏"按钮,打开宏窗口,如图 7-1 所示。

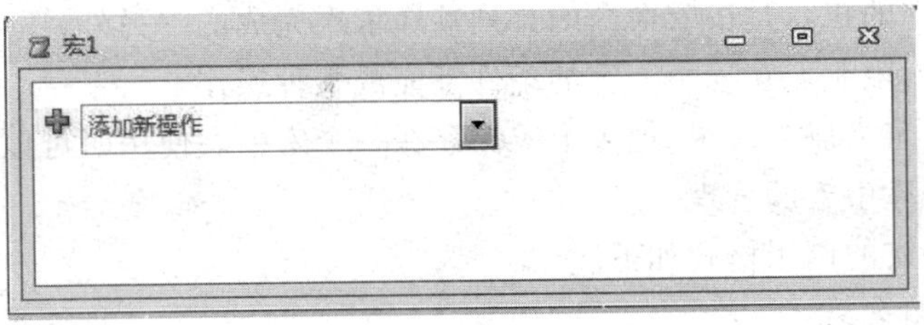

图 7-1 宏窗口

(3) 在宏窗口,打开下拉框选择需要的宏操作,如图 7-2 所示。

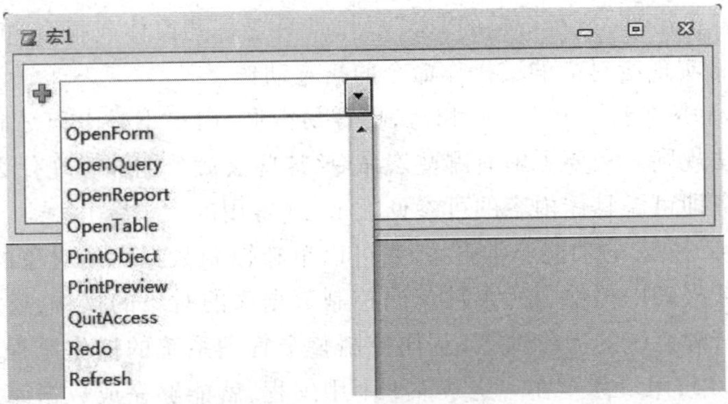

图 7-2 选择宏操作

(4) 在宏窗口,设置宏操作参数,如图 7-3 所示。

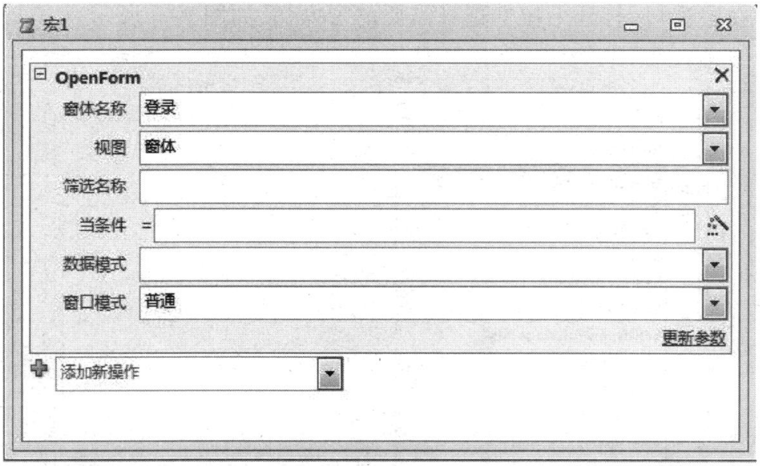

图 7-3 设置宏操作参数

(5) 保存宏(命名为:宏-打开窗体),结束对宏的创建,如图 7-4 所示。

图 7-4 保存宏(宏-打开窗体)

微视频 7-1
Access创建宏

7.2.2 使用宏

1. 实验目的

熟悉宏视图的工作环境,掌握使用宏的操作方法。

2. 实验题目-1

直接运行宏。

3. 操作步骤-1

(1) 打开数据库(阳光超市管理系统)。

(2) 在 Access 系统窗口,打开数据库对象导航栏,右击宏(宏-打开窗体),打开"快捷菜单"。

(3) 在快捷菜单中,选择"运行"命令,运行宏(宏-打开窗体),如图 7-5 所示。

图 7-5 运行宏(宏-打开窗体)

(4) 运行宏后,登录窗体被打开。

4. 实验题目-2

用宏命令间接运行宏。

5. 操作步骤-2

(1) 打开数据库(阳光超市管理系统)。

(2) 在 Access 系统窗口中,选择"创建”选项卡,在宏与代码子功能区中,单击“宏”按钮,打开宏窗口。

(3) 在宏窗口,打开下拉框选择需要的宏操作,如图 7-6 所示。

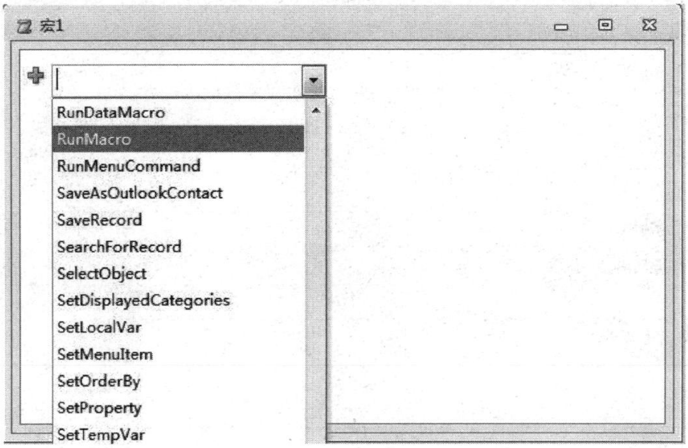

图 7-6 选择宏操作(运行宏)

(4) 在宏窗口,设置宏操作参数,如图7-7 所示。

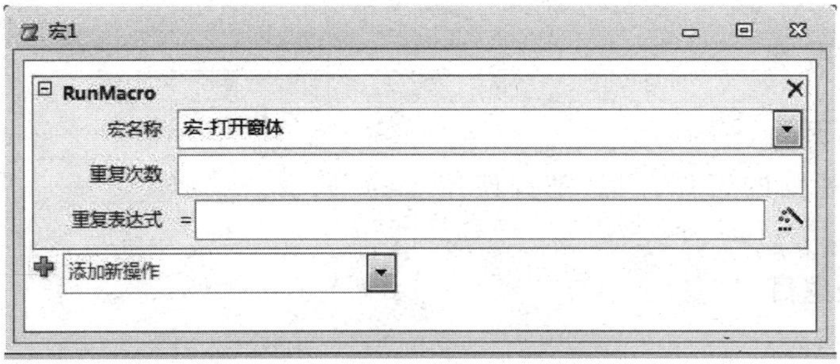

图 7-7 运行宏(宏-打开窗体)

(5) 保存宏(命名为:宏-运行宏),结束对宏的创建,如图 7-8 所示。

图 7-8 保存宏(宏-运行宏)

微视频 7-2
Access使用宏

(6) 在 Access 系统窗口,打开数据库对象导航栏,右击宏(宏-运行宏),打开快捷菜单。

(7) 在快捷菜单下,选择“运行”命令,运行宏(宏-运行宏),如图 7-9 所示。

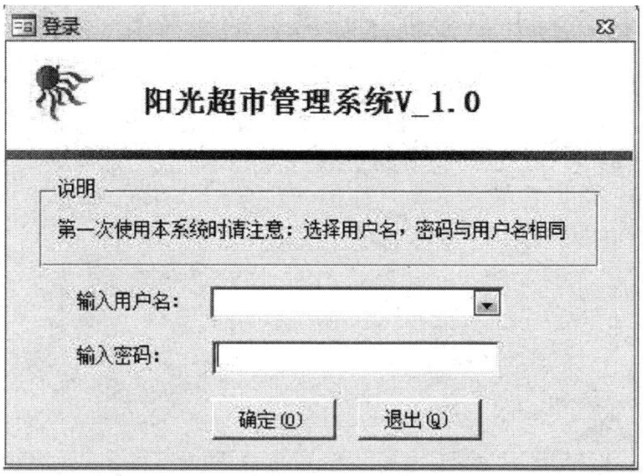

图 7-9 “登录”窗体被打开

7.3 宏组创建及使用

在 Access 中,宏组的创建与宏窗口的创建步骤相似,宏组大多是通过触发窗体和报表中的控件进行事件调用,或间接运行宏组。

7.3.1 创建与编辑宏组

1. 实验目的

熟悉宏视图的工作环境,掌握使用宏视图创建宏组的一般方法。

2. 实验题目

创建宏组。

3. 操作步骤

(1) 打开数据库(阳光超市管理系统)。

(2) 在 Access 系统窗口中,选择“创建”选项卡,在宏与代码子功能区中,单击“宏”按钮,打开宏窗口。

(3) 在宏窗口,打开下拉框选择需要的宏操作,如图 7-10 所示。

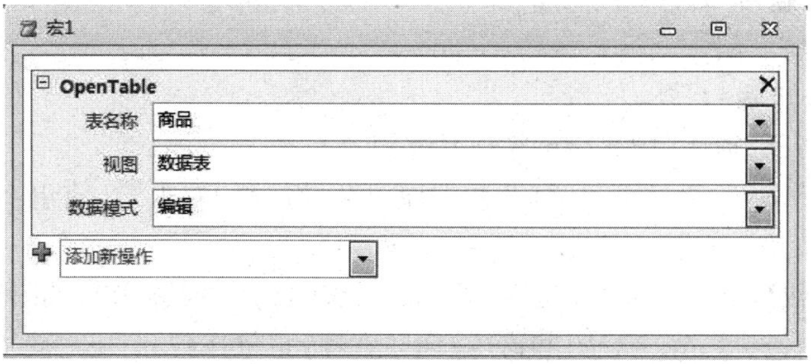

图 7-10 宏操作(打开商品表)

（4）在宏窗口，再次打开下拉框选择需要的宏操作，如图 7-11 所示。

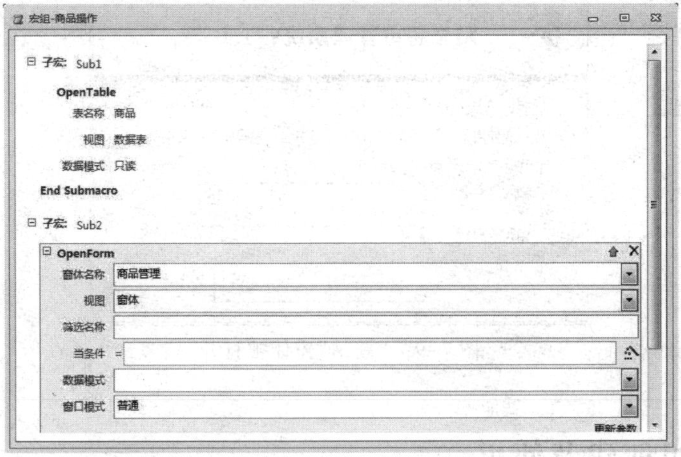

图 7-11 宏操作（打开商品管理窗体）

（5）保存宏组（命名为：宏组-商品操作），结束对宏组的创建，如图 7-12 所示。

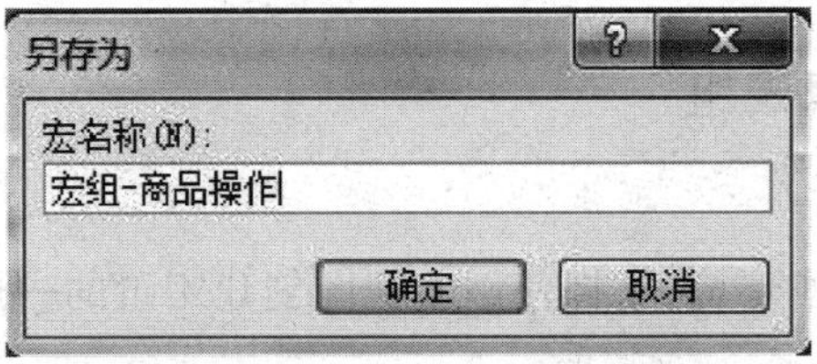

图 7-12 保存宏组（宏组-商品操作）

微视频 7-3
Access创建宏组

7.3.2 使用宏组

1. 实验目的

熟悉宏视图的工作环境，掌握使用宏组的操作方法。

2. 实验题目-1

直接运行宏组。

3. 操作步骤-1

（1）打开数据库（阳光超市管理系统）。

（2）在 Access 系统窗口，打开数据库对象导航栏，右击宏（宏组-商品操作），打开“快捷菜单”。

（3）在快捷菜单中，选择“运行”命令，运行宏（宏组-商品操作），如图 7-13 所示。

（4）运行宏后，表（商品）和窗体（商品管理）被依次打开。

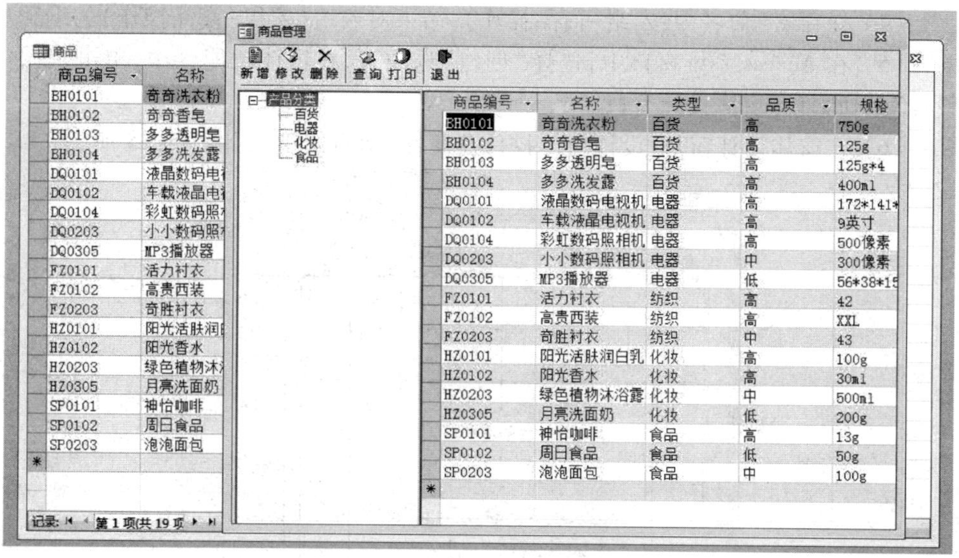

图 7-13 运行宏(宏组-商品操作)

4. 实验题目-2

用窗体控件间接运行宏组。

5. 操作步骤-2

(1) 打开数据库(阳光超市管理系统)。

(2) 打开宏(宏组-商品操作)。

(3) 在宏窗口,利用宏编辑快捷菜单,定义宏的子操作,如图 7-14 所示。

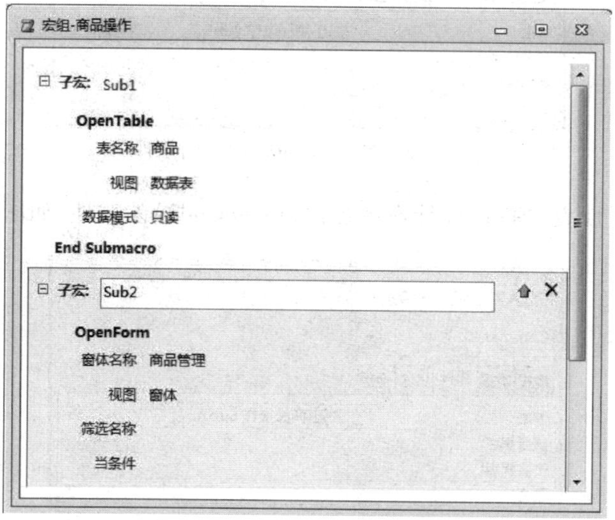

图 7-14 定义宏的子操作

(4) 保存宏(命名为:宏组-商品操作),结束对宏组(宏组-商品操作)的编辑。

(5) 在 Access 系统窗口中,选择"创建"选项卡,在窗体功能区中,单击"窗体设计"按钮,打开窗体设计窗口。

(6) 在窗体设计窗口,设计窗体控件及属性(运行宏组),如图 7-15 所示。

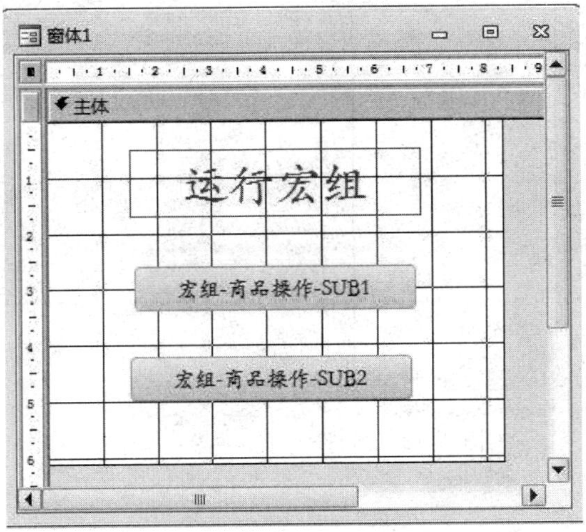

图 7-15 窗体(运行宏组)

(7) 在"属性表"窗口,设计窗体控件(Command1)的属性,如图 7-16 所示。

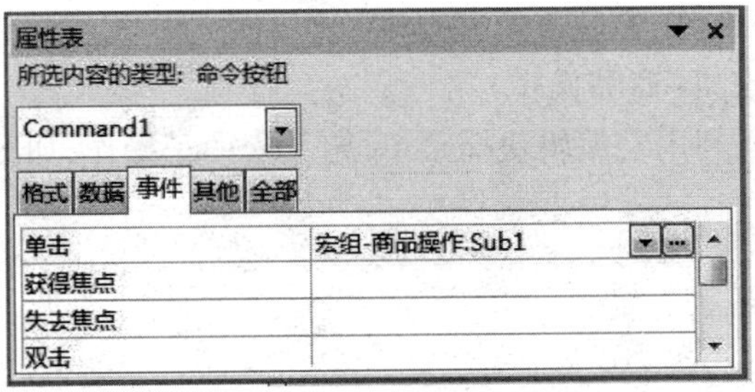

图 7-16 控件(Command1)的属性

(8) 在"属性表"窗口,设计窗体控件(Command2)的属性,如图 7-17 所示。

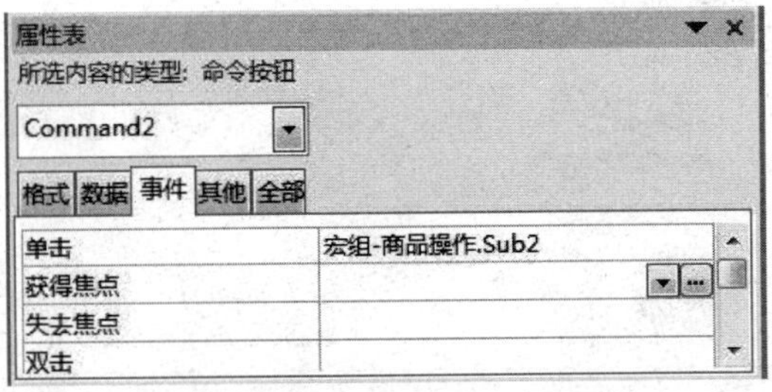

图 7-17 控件(Command2)的属性

(9) 保存窗体(运行宏组),结束对窗体的创建,如图 7-18 所示。

图 7-18 保存窗体(运行宏组)

(10) 在 Access 系统窗口,打开窗体(运行宏组),如图 7-19 所示。

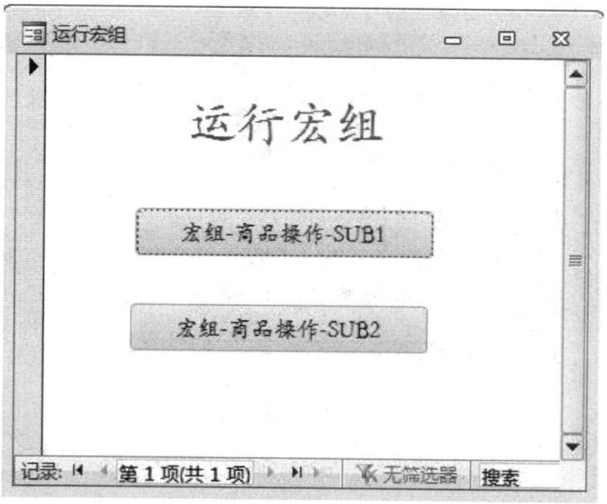

图 7-19 打开窗体(运行宏组)

(11) 在 Access 系统窗口,按命令按钮(宏组-商品操作-SUB1),打开表(商品),如图 7-20 所示。

名称	类型	品质	规格	备注
奇奇洗衣粉	百货	高	750g	
奇奇香皂	百货	高	125g	
多多透明皂	百货	高	125g*4	
多多洗发露	百货	高	400ml	
液晶数码电视机	电器	高	172*141*33	
车载液晶电视机	电器	高	9英寸	
彩虹数码照相机	电器	高	500像素	
小小数码照相机	电器	中	300像素	
MP3播放器	电器	低	56*38*15	
活力衬衣	纺织	高	42	
高贵西装	纺织	高	XXL	
奇胜衬衣	纺织	中	43	
阳光活肤润白乳	化妆	高	100g	
阳光香水	化妆	高	30ml	
绿色植物沐浴露	化妆	中	500ml	
月亮洗面奶	化妆	低	200g	
神怡咖啡	食品	高	13g	
周日食品	食品	低	50g	
泡泡面包	食品	中	100g	

图 7-20 打开表(商品)

(12) 在 Access 系统窗口,按命令按钮(宏组-商品操作-SUB2),打开窗体(商品管理),如图 7-21 所示。

微视频 7-4
Access使用宏组

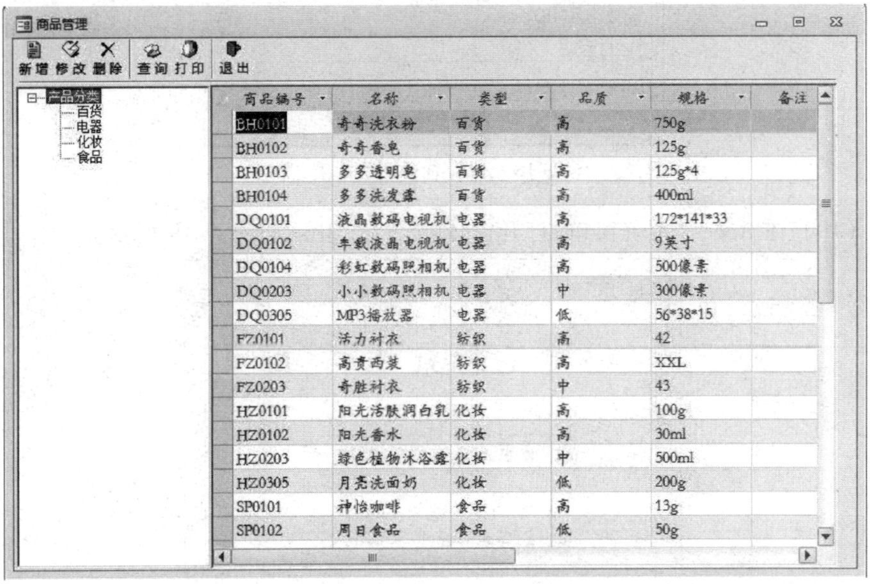

图 7-21　打开窗体(商品管理)

第 8 章　报表设计

报表是数据库中数据信息和文档信息输出的另一种形式，它可以将数据库中的数据信息和文档信息以多种样式通过屏幕显示出来，或通过打印机打印出来。

在报表设计的过程中，可以设计数据输出的内容、输出对象的显示或打印格式，还可以设计数据的统计计算规则。借助于报表可以按用户需求重新组织数据，以不同的输出样式提供信息。

在 Access 中，创建报表的方法很多，有许多方法与创建窗体相似，如果掌握了窗体的创建和设计方法，学习报表设计将是一件较容易实现的事情。

8.1　报表的组成

报表通常由报表页眉、报表页脚、页面页眉、页面页脚及主体 5 个主要部分组成，这些部分称为报表的节，每个节都有其特定的功能。

报表各节的分布，如图 8-1 所示。

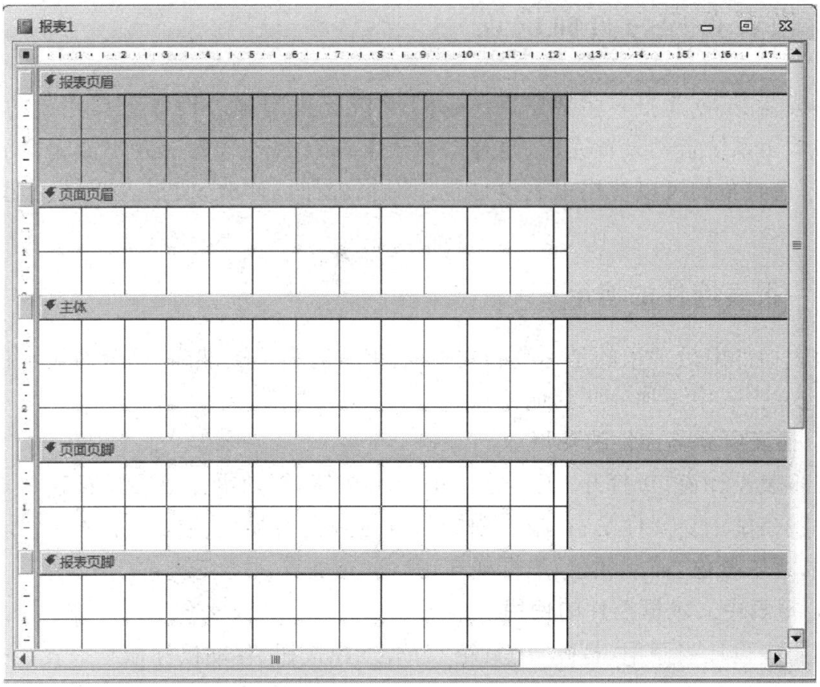

图 8-1　报表各节的分布

1. 报表页眉

报表页眉仅在报表的首页打印输出。报表页眉主要用于打印报表的封面、报表的制作时间、制作单位等只需输出一次的内容。通常把报表页眉设置为单独一页,可以包含图形和图片。

2. 页面页眉

页面页眉的内容在报表每页头部打印输出,它主要用于定义报表输出的每一列的标题,也包含报表的页标题。

3. 主体

主体是报表打印数据的主体部分。可以将数据源中的字段直接拖到主体节中,或者将报表控件放到主体节中用来显示数据内容。

主体节是报表的关键内容,是不可缺少的项目。

4. 页面页脚

页面页脚的内容在报表的每页底部打印输出。主要用来打印报表页号、制表人和审核人等信息。

5. 报表页脚

报表的页脚是整个报表的页脚,它的内容只在报表的最后一页底部打印输出。主要用来打印数据的统计结果信息。

8.2 报表布局与页面设置

一般情况,创建报表多数是用 Access 系统提供的报表设计工具完成的,它的许多参数由系统自动设置完成,这样的报表有时在某种程度上并不能完全满足用户需求,这时我们可以使用报表设计视图对报表加以修改,使报表布局合理,样式美观。

8.2.1 报表控件的使用

报表控件中最常用的是标签和文本框,但有时为了更准确、更全面显示报表的内容,也在报表中添加一些其他控件。

1. 报表中标签控件的使用

在报表设计窗口,打开“工具箱”,单击 Aa 按钮,移动鼠标拖至报表节中。

标签控件主要属性是:在报表中的位置,标题,所显示内容的字体、字号、字体的粗细,背景颜色,前景颜色,边框样式、颜色、宽度等。

2. 报表中文本框控件的使用

在报表设计视图中,打开“工具箱”,单击 ab| 按钮,移动鼠标拖至报表节中。

文本框控件主要属性:在报表中的位置,数据来源,显示内容的显示格式,背景样式、颜色，边框样式、颜色、宽度等。

3. 报表中图像控件的使用

在报表设计视图中，打开“工具箱”，单击按钮，移动鼠标拖至报表节中。

图片控件主要属性：在报表中的位置，图片来源，缩放模式等。

8.2.2 报表的页面设置

报表的页面设置用来确定报表页的大小以及页眉、页脚的样式。这些内容还要根据所使用的打印机的特性来设置。

在报表设计窗口，打开“报表设计工具”选项卡，再打开“页面设置”选项卡，打开“页面布局”子功能区，有多个命令按钮可用于页面布局设计，如图 8-2 所示。

图 8-2 “页面设置”选项卡

单击“页面设置”按钮，打开“页面设置”对话框，有 3 个选项卡，可以用来设置报表的页面。其中：

“打印选项”选项卡，如图 8-3 所示。

图 8-3 “打印选项”选项卡

“页”选项卡，如图 8-4 所示。

“列”选项卡，如图 8-5 所示。

图 8-4 “页”选项卡

图 8-5 “列”选项卡

8.3 创建与编辑报表

在 Access 中,系统为用户利用报表向导创建报表和利用报表设计视图创建报表的方法。对于一些简单报表,可用报表向导创建报表;对于较复杂的报表,通常利用报表向导创建一个报表,再在此基础上利用报表设计视图修改、美化报表,最后完成最佳的报表设计。

8.3.1 利用向导创建报表

1. 实验目的

熟悉报表向导的工作环境,掌握使用报表向导创建报表的一般方法。

2. 实验题目

利用报表向导创建报表。

3. 操作步骤

(1) 打开数据库(阳光超市管理系统)。

(2) 在 Access 系统窗口,打开"创建"选项卡,单击"报表向导"按钮,打开"报表向导"对话框。

(3) 在报表向导对话框,选择数据源表(商品),如图 8-6 所示。

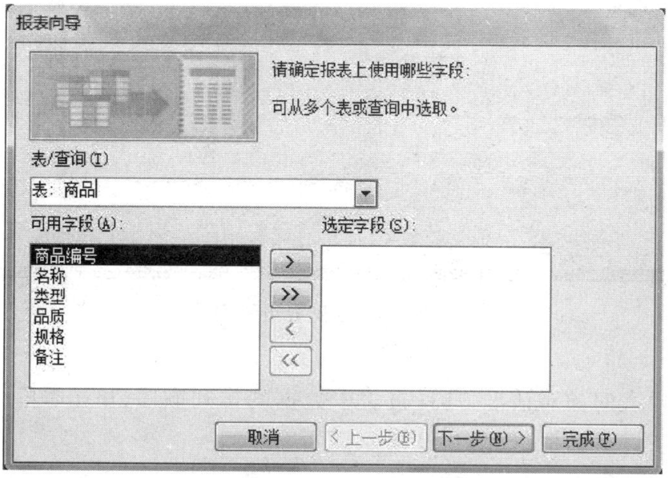

图 8-6 选择数据源表(商品)

(4) 在报表向导对话框,确定所需的字段,如图 8-7 所示。

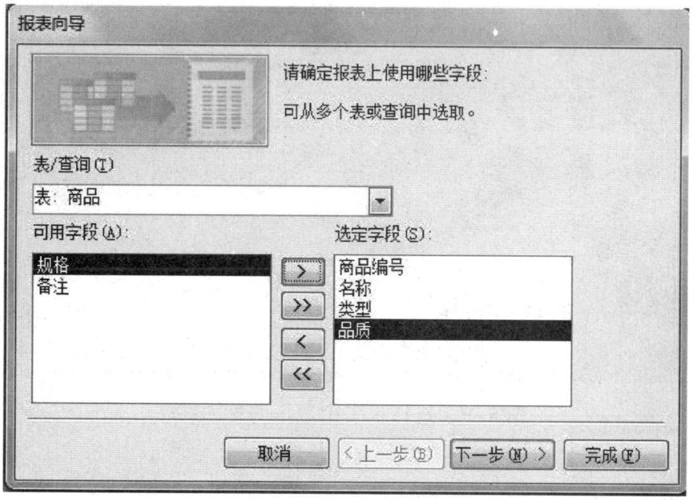

图 8-7 确定所需的字段

(5) 在报表向导对话框,确定分组级别,单击“下一步”按钮,打开报表向导下一对话框,如图8-8所示。

图8-8 确定分组级别

(6) 在报表向导对话框,选择报表中数据的排列顺序,单击“下一步”按钮,打开报表向导下一对话框,如图8-9所示。

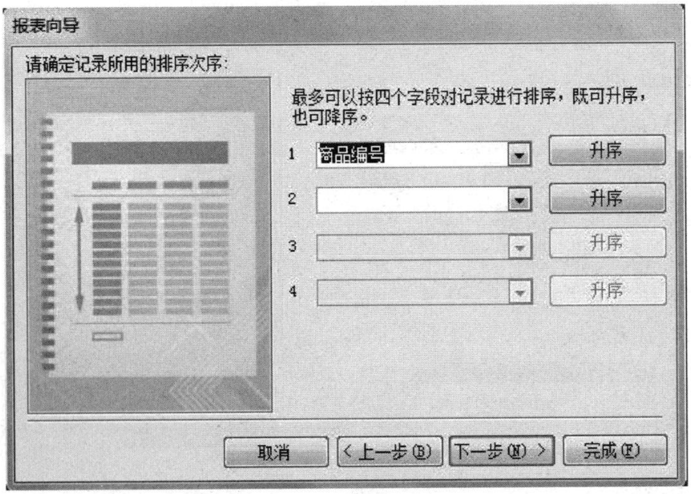

图8-9 选择报表中数据的排列顺序

(7) 在报表向导对话框,选择创建报表的布局方式,单击“下一步”按钮,打开报表向导下一对话框,如图8-10所示。

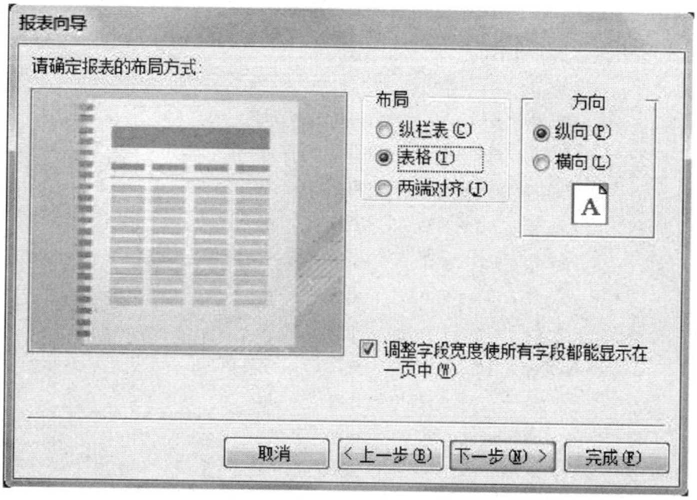

图 8-10 选择创建报表的布局方式

(8) 在报表向导对话框,输入报表标题(报表-商品),单击“下一步”按钮,打开报表向导下一对话框,如图 8-11 所示。

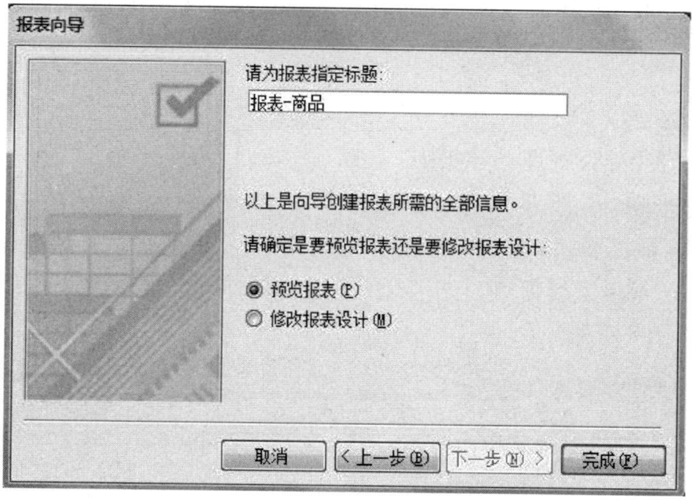

图 8-11 输入报表标题(报表-商品)

(9) 在报表向导对话框,单击“完成”按钮,保存并预览报表,结束报表的创建,如图 8-12 所示。

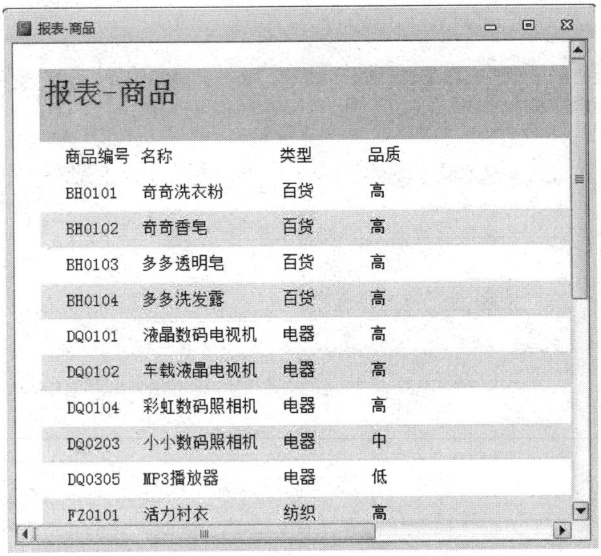

图 8-12 预览报表(报表-商品)

微视频 8-1
Access向导创建报表

8.3.2 利用报表设计视图创建报表

1. 实验目的

熟悉“报表设计”视图的工作环境,掌握使用“报表设计”视图创建报表的一般方法。

2. 实验题目

利用“报表设计”视图创建报表。

3. 操作步骤

(1) 打开数据库(阳光超市管理系统)。

(2) 在 Access 系统窗口,打开“创建”选项卡,单击“报表设计”按钮,打开报表设计窗口,如图 8-13 所示。

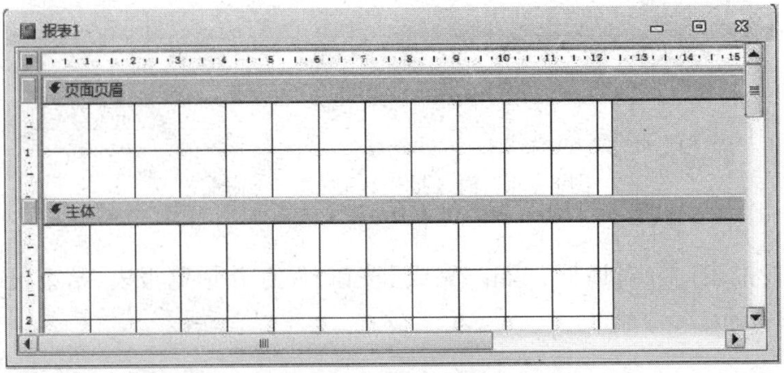

图 8-13 报表设计窗口

(3) 在报表设计窗口,单击“添加现有字段”按钮,选择创建报表所需的数据来源(员工)和字段,如图 8-14 所示。

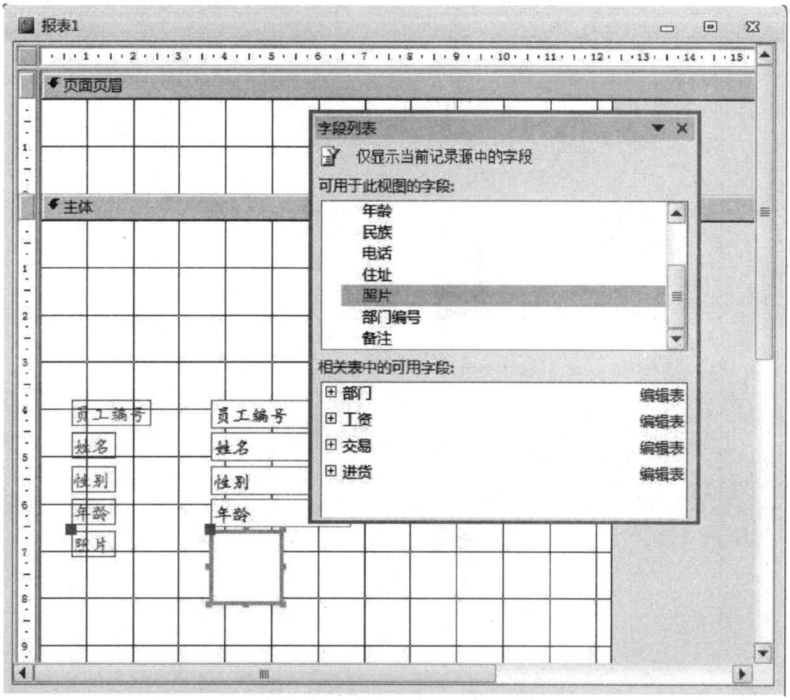

图 8-14 选择创建报表所需的数据来源

(4) 在报表设计窗口,设计其字段的位置和显示标题,如图 8-15 所示。

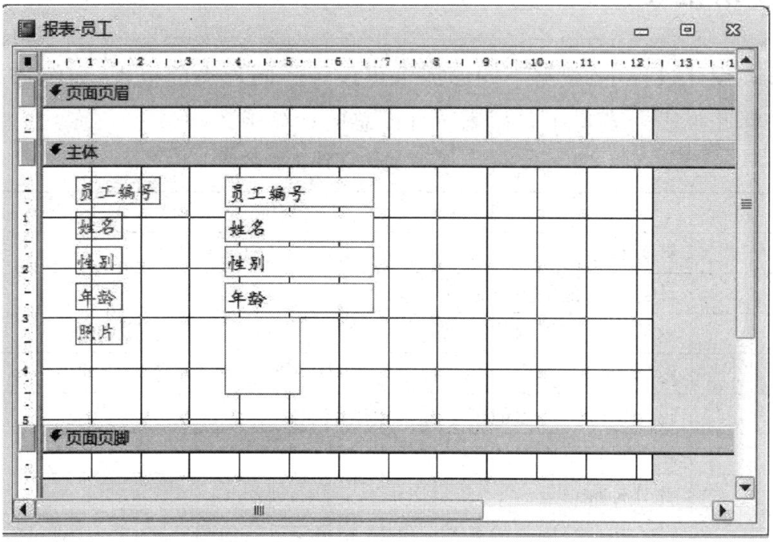

图 8-15 设计其字段的位置和显示标题

(5) 预览报表,结束报表(报表-员工)的创建,如图 8-16 所示。

图 8-16 预览报表(员工)

微视频 8-2
Access设计器创建报表

8.4 使用报表

在报表设计过程中,根据不同的需求可设计不同种类的报表,如统计报表、图表报表和标签报表。表 8-1 是报表统计汇总的计算函数。

表 8-1 常用的统计计算函数

函数	功能
Avg	计算指定范围内的多个记录中,指定字段值的平均值
Count	计算指定范围内的记录个数
First	返回指定范围内的多个记录中,第一个记录指定字段值的值
Last	返回指定范围内的多个记录中,最后一个记录指定字段值的值
Max	返回指定范围内的多个记录中的最大值
Min	返回指定范围内的多个记录中的最小值
StDev	计算标准偏差
Sum	计算指定范围内的多个记录中,指定字段值的和
Var	计算总体方差

8.4.1 统计报表

1. 实验目的

熟悉报表设计视图的工作环境，掌握使用“报表设计”视图创建统计报表的一般方法。

2. 实验题目-1

单表分组汇总报表设计。

3. 操作步骤-1

(1) 打开数据库(阳光超市管理系统)。

(2) 在 Access 系统窗口，打开“创建”选项卡，单击“报表设计”按钮，打开报表设计窗口。

(3) 在报表设计窗口，单击“添加现有字段”按钮，选择创建报表所需的数据来源(商品)、所需的字段及布局，如图 8-17 所示。

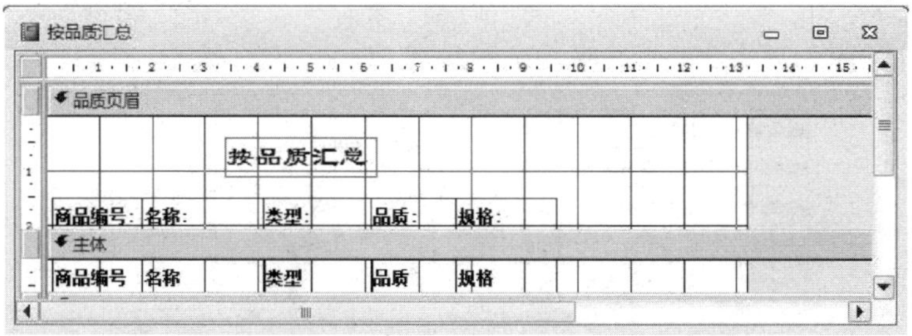

图 8-17 所需的字段及布局

(4) 在报表设计窗口，打开“设计”选项卡，单击“分组与排序”按钮，打开“分组、排序和汇总”窗口。

(5) 在“分组、排序和汇总”窗口，选择指定的字段为分组字段(品质)，如图 8-18 所示。

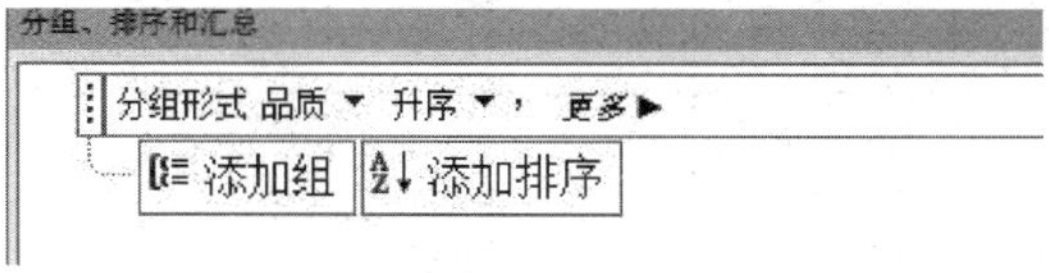

图 8-18 选择指定的字段为分组字段(品质)

(6) 在报表设计窗口，在指定字段页脚处，添加若干个文本框控件，输入显示标题及统计汇总公式(上图计算公式为：= Count([品质])，显示标题为：“总计：”)，如图 8-19 所示。

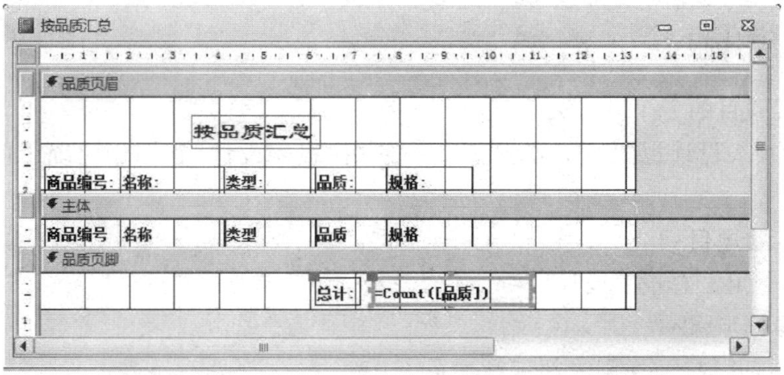

图 8-19　输入显示标题及统计汇总公式(Count)

(7) 保存并预览报表(按品质汇总),结束对报表进行的统计汇总的操作,如图 8-20 所示。

按品质汇总

商品编号:	名称:	类型:	品质:	规格:
HZ0203	绿色植物沐浴	化妆	中	500ml
FZ0203	奇胜衬衣	纺织	中	43
SP0203	泡泡面包	食品	中	100g
DQ0203	小小数码照相	电器	中	300像素

总计: 4

按品质汇总

商品编号:	名称:	类型:	品质:	规格:
FZ0102	高贵西装	纺织	高	XXL
BH0102	奇奇香皂	百货	高	125g
BH0103	多多透明皂	百货	高	125g*4
BH0104	多多洗发露	百货	高	400ml
DQ0101	液晶数码电视	电器	高	172*141*33
DQ0102	车载液晶电视	电器	高	9英寸
DQ0104	彩虹数码照相	电器	高	500像素
BH0101	奇奇洗衣粉	百货	高	750g
FZ0101	活力衬衣	纺织	高	42
HZ0101	阳光活肤润白	化妆	高	100g
HZ0102	阳光香水	化妆	高	30ml
SP0101	神怡咖啡	食品	高	13g

总计: 12

页: 1　无筛选器

图 8-20　预览汇总报表(按品质汇总)

4. 实验题目-2

多表分组汇总报表设计。

5. 操作步骤-2

(1) 打开数据库(阳光超市管理系统)。

(2) 在 Access 系统窗口,打开“创建”选项卡,单击“报表设计”按钮,打开报表设计窗口。

(3) 在报表设计窗口,单击“添加现有字段”按钮,选择创建报表所需的数据来源(交易、销售、商品)、所需的字段及布局,如图 8-21 所示。

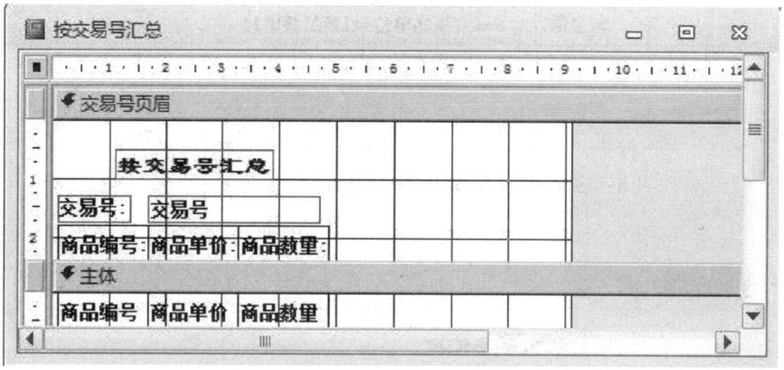

图 8-21 所需的多表字段及布局

(4) 在报表设计窗口,打开“设计”选项卡,单击“分组与排序”按钮,打开“分组、排序和汇总”窗口。

(5) 在“分组、排序和汇总”窗口,选择指定的字段为分组字段(交易号),如图 8-22 所示。

图 8-22 选择指定的字段为分组字段(交易号)

(6) 在报表设计窗口,在指定字段页脚处,添加若干个文本框控件,输入显示标题及统计汇总公式(计算公式为:=Sum([商品单价]*[商品数量],显示标题为:“总金额:”),如图 8-23 所示。

(7) 保存并预览报表(按交易号汇总),结束对报表进行的统计汇总的操作,如

图 8-24 所示。

图 8-23 输入显示标题及统计汇总公式(Sum)

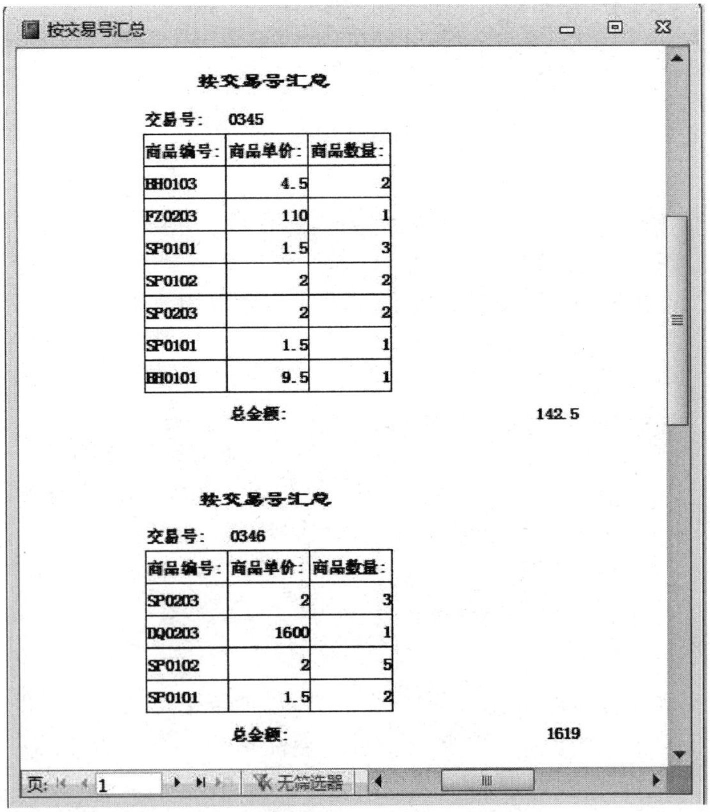

商品编号:	商品单价:	商品数量:
BH0103	4.5	2
FZ0203	110	1
SP0101	1.5	3
SP0102	2	2
SP0203	2	2
SP0101	1.5	1
BH0101	9.5	1

商品编号:	商品单价:	商品数量:
SP0203	2	3
DQ0203	1600	1
SP0102	2	5
SP0101	1.5	2

图 8-24 预览汇总报表(按交易号汇总)

微视频 8-3
Access 报表中数据计算与汇总

8.4.2 图表报表

1. 实验目的

熟悉报表设计视图的工作环境,掌握使用报表设计视图创建图表报表的一般方法。

2. 实验题目

利用报表设计视图创建图表报表。

3. 操作步骤

(1) 打开数据库(阳光超市管理系统)。

(2) 在 Access 系统窗口,打开“创建”选项卡,单击“报表设计”按钮,打开“报表设计”窗口。

(3) 在报表设计窗口,打开报表设计工作区,如图 8-25 所示。

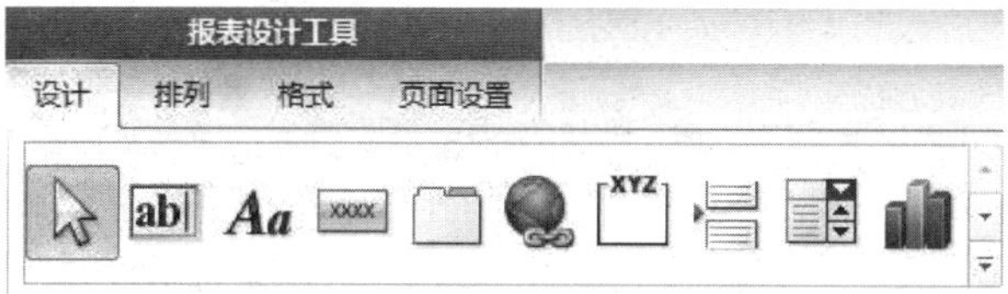

图 8-25 报表“设计”工作区

(4) 在报表设计工作区中,添加控件,打开图表向导对话框,如图 8-26 所示。

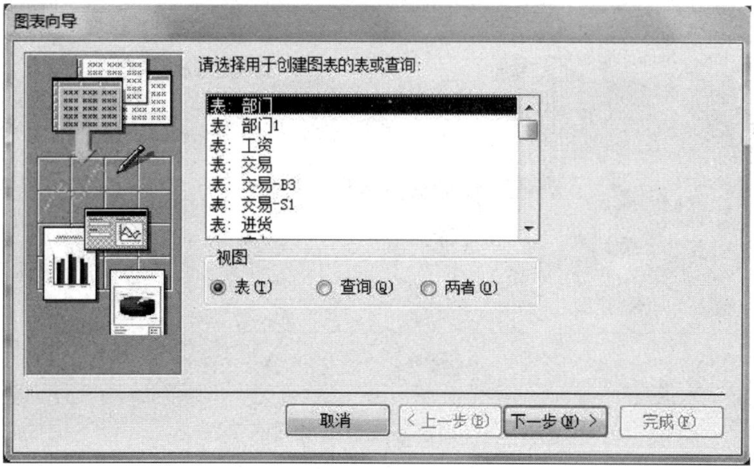

图 8-26 “图表向导”窗口

（5）在图表向导对话框，选择表（员工）作为数据来源，单击"下一步"按钮，打开图表向导的下一个对话框，如图 8-27 所示。

图 8-27　确定"图表"所需的数据来源

（6）在图表向导对话框，确定图表数据所在的字段，单击"下一步"按钮，打开图表向导的下一个对话框，如图 8-28 所示。

图 8-28　确定图表数据所在的字段

（7）在图表向导对话框，确定图表的类型，单击"下一步"按钮，打开"图表向导"的下一个对话框，如图 8-29 所示。

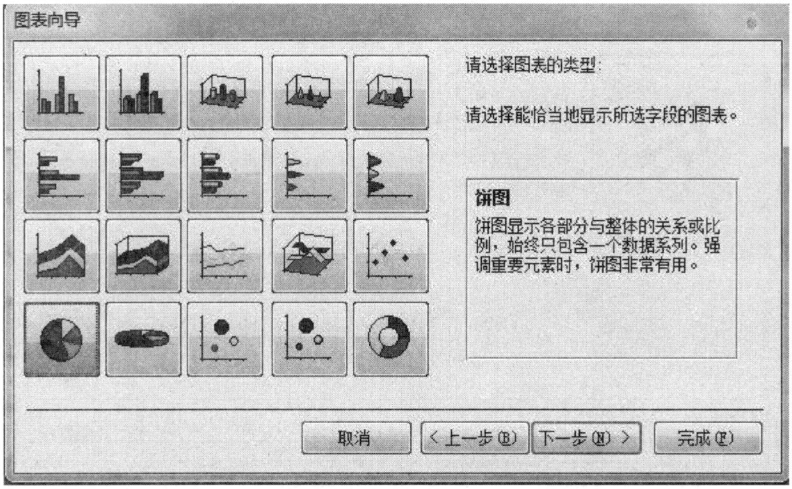

图 8-29　确定图表类型

(8) 在图表向导对话框，确定数据在图表中的布局，单击“下一步”按钮，打开图表向导的下一个对话框，如图 8-30 所示。

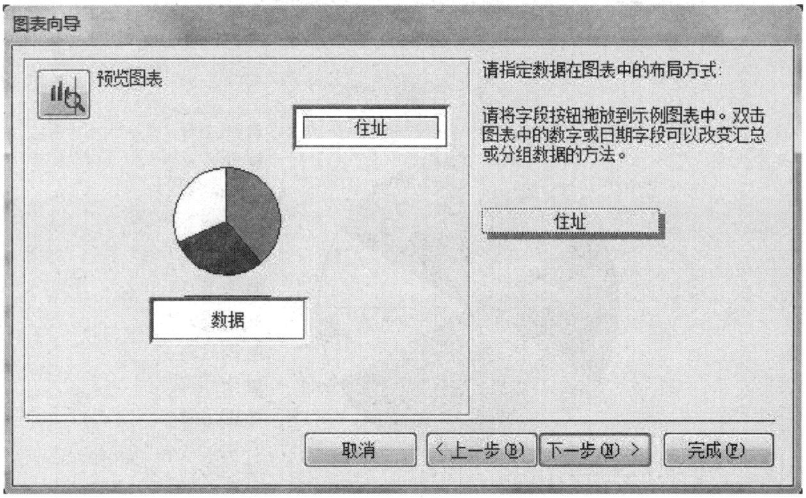

图 8-30　确定数据在图表中的布局

(9) 在图表向导对话框，确定图表标题，单击“下一步”按钮，打开图表向导的下一个对话框，如图 8-31 所示。

图 8-31 确定图表标题

(10) 保存并预览报表(员工住址分布图),结束图表报表的创建操作,如图8-32所示。

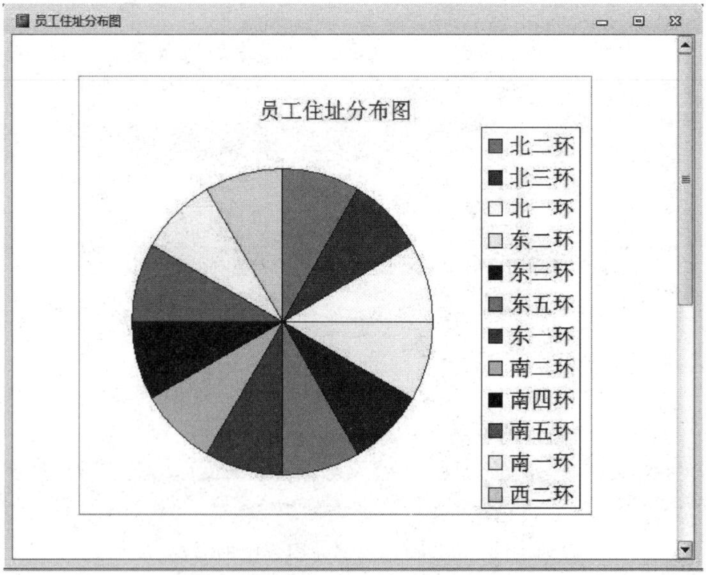

图 8-32 预览报表(员工住址分布图)

8.4.3 标签报表

微视频 8-4
Access图表报表

1. 实验目的

熟悉报表设计视图的工作环境,掌握使用报表设计视图创建标签报表的一般方法。

2. 实验题目

利用报表设计视图创建标签报表。

3. 操作步骤

(1) 打开数据库(阳光超市管理系统)。

(2) 在 Access 系统窗口,打开“创建”选项卡,其中,“报表”工作区如图 8-33 所示。

图 8-33 “报表”工作区

(3) 在“报表”工作区,单击“标签”按钮,打开标签向导对话框;

(4) 在标签向导对话框,确定标签的尺寸及类型,单击“下一步”按钮,打开标签向导的下一个对话框,如图 8-34 所示。

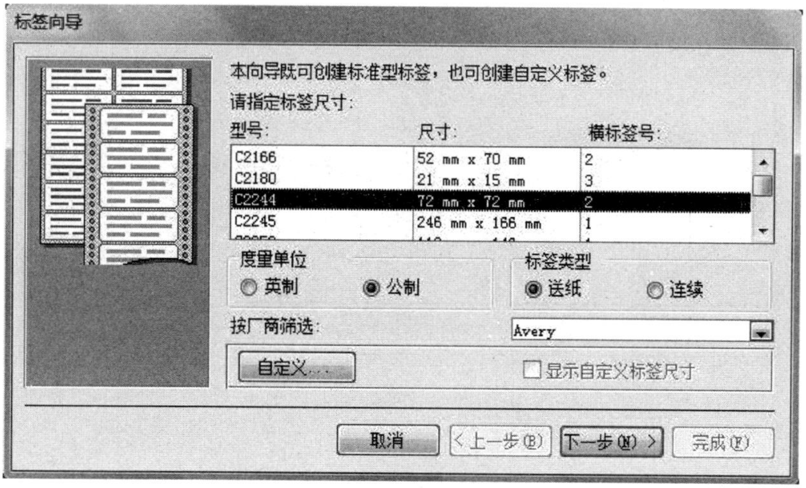

图 8-34 确定标签的尺寸及类型

(5) 在标签向导对话框,确定文本字体及颜色,单击"下一步"按钮,打开标签向导的下一个对话框,如图8-35所示。

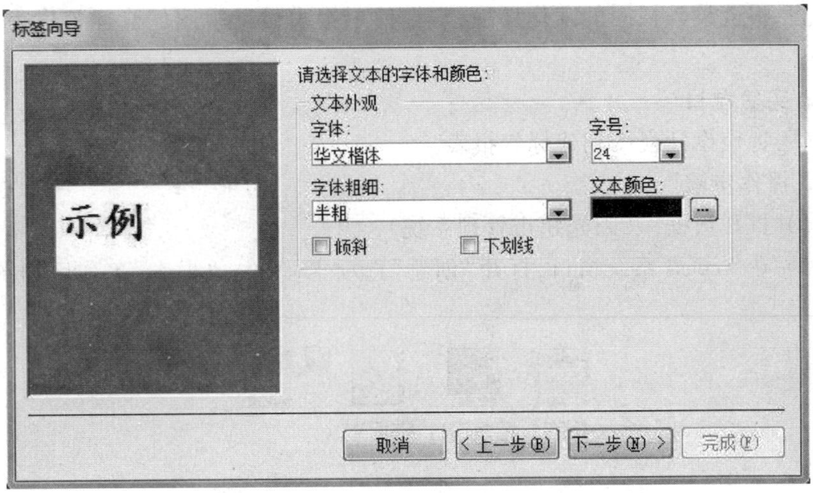

图8-35 确定文本字体及颜色

(6) 在标签向导对话框,确定标签的内容,单击"下一步"按钮,打开标签向导的下一个对话框,如图8-36所示。

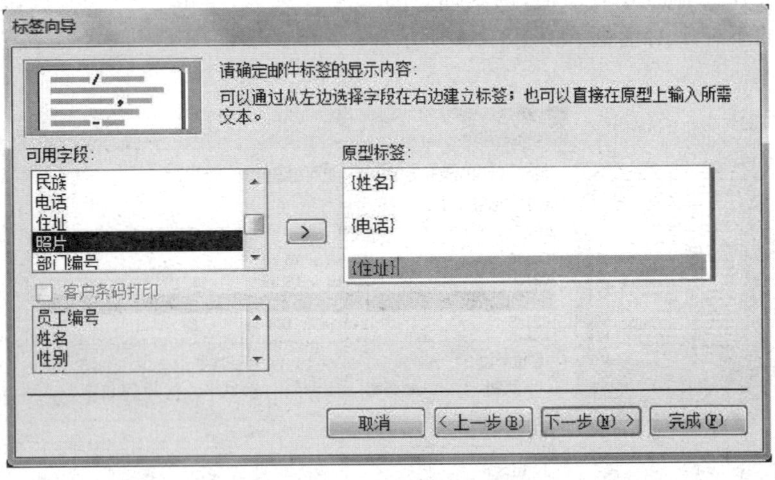

图8-36 确定标签的内容

(7) 在标签向导对话框,确定标签的顺序,单击"下一步"按钮,打开标签向导的下一个对话框，如图 8-37 所示。

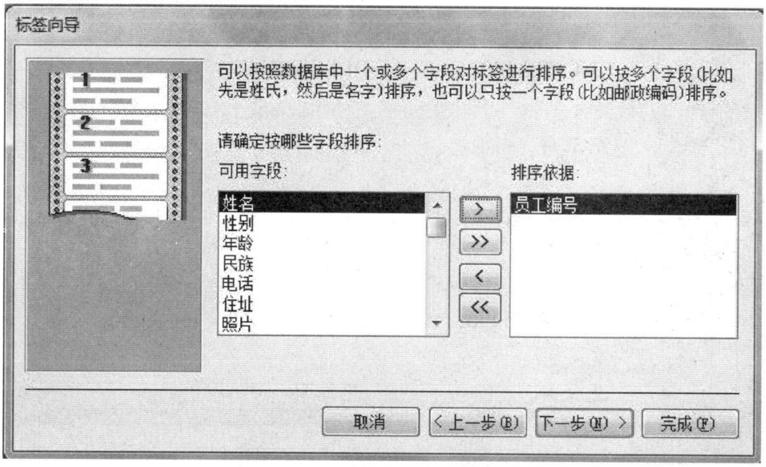

图 8-37　确定标签的顺序

（8）在标签向导对话框，确定标签报表的标题，单击“下一步”按钮，进入标签向导的下一个对话框，如图 8-38 所示。

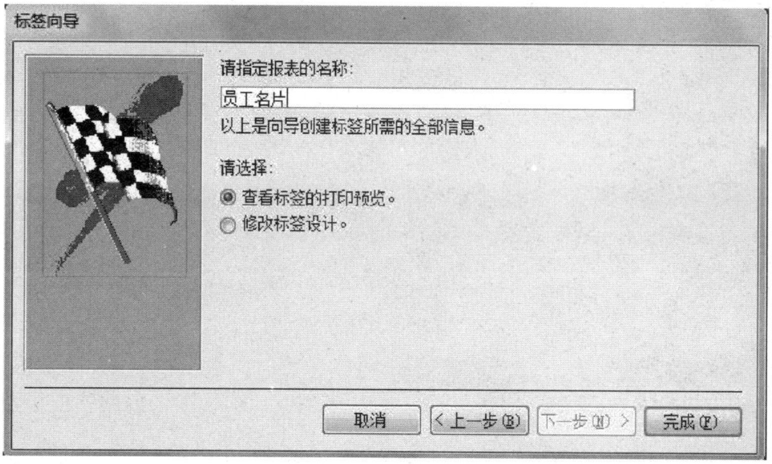

图 8-38　确定标签报表的标题

（9）保存并预览报表（员工名片），结束标签报表的创建操作，如图 8-39 所示。

微视频 8-5
Access标签报表

图 8-39 预览报表(员工名片)

第9章 数据库安全与共享

当数据库应用系统的所有功能模块设计完成后,为了更好地使用用数据库应用系统的资源,数据安全与共享是非常重要的工作。

9.1 安全与共享概述

Access 提供了一系列安全保护措施,如设置数据库受信任文件夹、设置数据库密码、设置用户权限、数据库加密及创建(MDE)文件等。作为一个 Access 数据库应用系统开发人员,必须明确用户的安全级别,要确定哪些用户可以使用数据库,哪些用户不可以使用指定的对象。设置安全机制可以利用系统提供的工具设置,也可以在开发的数据库应用程序中提供安全保护功能。数据库是不是都需要设置安全保障,这要看数据库中数据的敏感程度,若数据库中的数据是在低风险的情况下运行,权限保护功能就不要过分强调。

Access 还提供了一系列有关数据传递的功能,可以进行数据的导入导出的操作。其一,某一数据库对象可以导出成另一个数据库中的同类对象,也可以导出成 Excel、Word 和文本文件类型的数据格式。其二,Excel、Word 和文本文件类型的数据也可以插入到数据库中,作为数据库对象。

数据库管理系统中的安全与共享功能,极大地提高数据库中数据的安全性,也保证了数据的共享性,使数据库中的数据既可以为多用户所使用,又保证了不被随意破坏。

9.2 设置数据库信任位置

数据库创建完成,其中存有大量的数据和程序,有关数据库安全问题显得十分重要。

将已创建好的数据库放置在受信任位置时,所有打开的数据库 VBA 代码、宏等,在使用时不用再重申信任设置。

1. 实验目的

熟悉 Access 系统的工作环境,掌握设置受信任位置的一般方法。

2. 实验题目

设置受信任位置。

3. 操作步骤

(1) 打开数据库。

(2) 在 Access 系统窗口,打开"文件"选项卡,如图 9-1 所示。

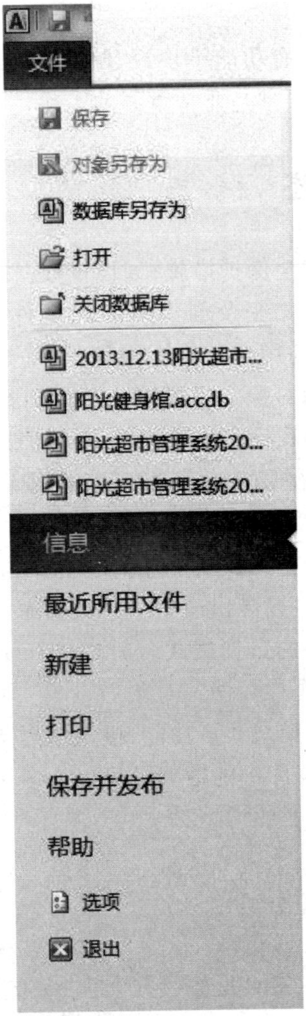

图 9-1 "文件"选项卡

(3) 在"文件"选项卡中,选择"选项"命令,进入"Access 选项"对话框,如图 9-2所示。

(4) 在"Access 选项"对话框,选择"导航栏"中的"信任中心"选项,打开"信任中心"对话框,如图 9-3 所示。

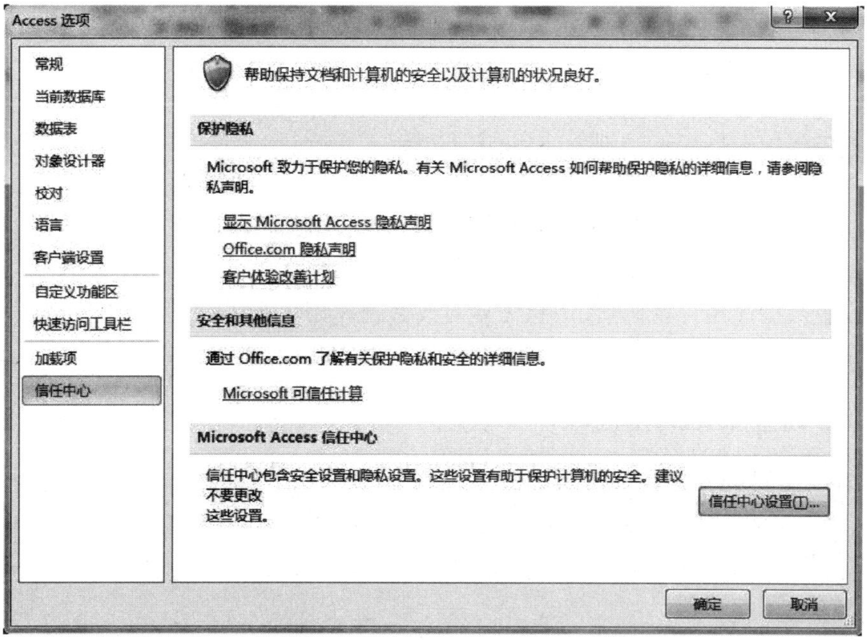

图 9-2 “Access 选项”对话框

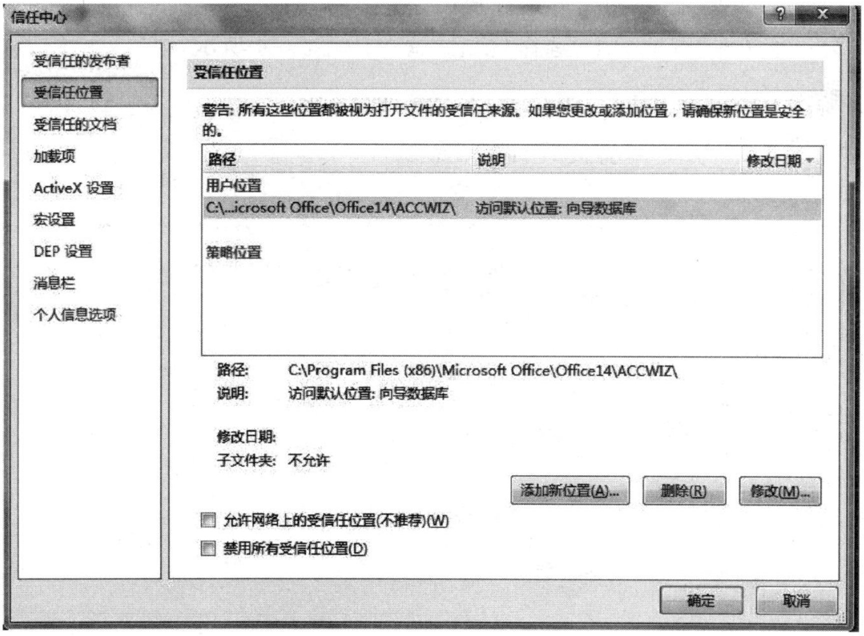

图 9-3 “信任中心”对话框

（5）在“信任中心”对话框，选择“受信任位置”命令，选择受信任文件夹，单击“确认”按钮，结束操作。

9.3 设置数据库密码

若想保护数据库不被别人使用,或不被别人修改及窃用,用户可以给数据库设置用户密码。这样,不知道数据库密码的人,是不能够使用数据库的。但是,如果用户忘记了用户密码,将不能使用数据库。一般情况下,在设置数据库密码前,要为数据库先制作一份备份。

设置数据库用户密码后,一旦需要更改数据库用户密码,可以撤销原数据库密码,再对数据库用户密码进行重新设置。

9.3.1 设置数据库密码

1. 实验目的

熟悉 Access 系统的工作环境,掌握设置数据库密码的一般操作方法。

2. 实验题目

设置数据库密码。

3. 操作步骤

(1) 打开数据库(以独占方式打开)。

(2) 在“文件”选项卡中,选择“信息”命令,如图 9-4 所示。

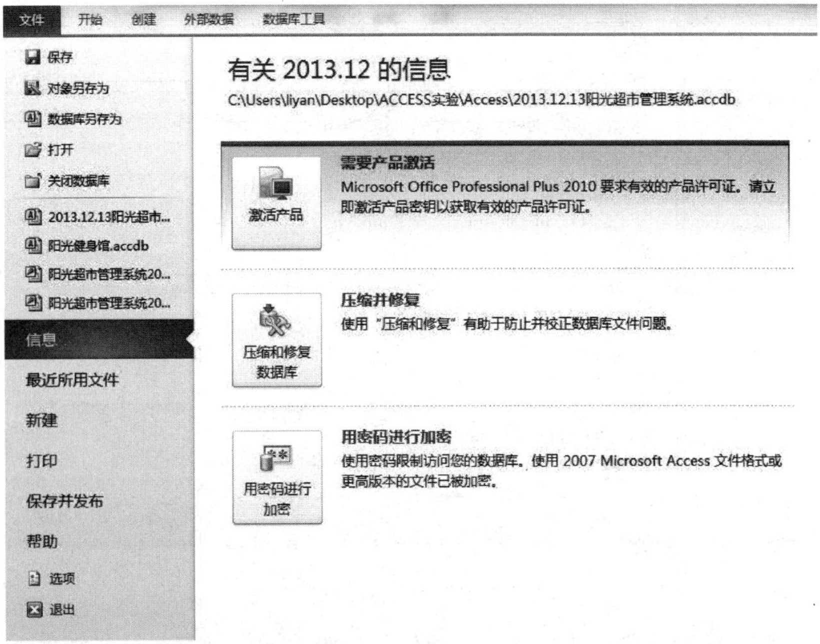

图 9-4 “数据库信息”工作区

(3) 在“数据库信息”工作区，单击“用户密码进行加密”按钮，打开“设置数据库密码”对话框，如图 9-5 所示。

图 9-5 “设置数据库密码”窗口

(4) 在“设置数据库密码”对话框，首先，在“密码”文本框内输入密码，然后，在“验证”文本框内输入相同密码，单击“确定”按钮，结束数据库密码设置。

需要说明，密码中若使用英文字母要注意大小写之分，另外，数据库密码用户必须记牢，一旦忘记密码，就无法打开设有密码的数据库了。

9.3.2 撤销数据库密码

1. 实验目的

熟悉“Access 系统”的工作环境，掌握撤销数据库密码的一般操作方法。

2. 实验题目

撤销数据库密码。

3. 操作步骤

(1) 打开数据库(以独占方式打开)。

(2) 在“文件”选项卡中，选择“信息”命令，单击“解密数据库”按钮，打开“撤销数据库密码”对话框，如图 9-6 所示。

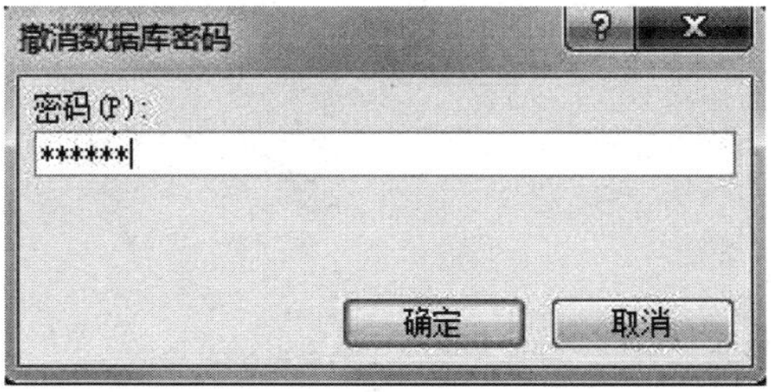

图 9-6 “撤销数据库密码”对话框

微视频 9-1
Access数据库加密

(3) 在“撤销数据库密码”对话框，输入数据库密码，单击“确定”按钮，结束数据库密码撤销。

9.4 导出数据库对象

导出就是将 Access 中的数据库对象导出到另一数据库，或导出到外部文件的过程。数据的导出使得 Access 中的数据库对象可以传递到其他系统软件环境中，从而达到信息交流的目的。数据库对象导出到原有的数据库中，原有的 Access 中的数据库对象没有被删除，而是多了一个新的文件副本。

Access 系统可以将 Access 中的数据库对象导出不同类型文件，本章仅介绍其中的部分操作，即将数据库对象导出到 Microsoft Excel、Microsoft Word 中，将数据库对象转换文本格式文件等。

9.4.1 导出数据库对象到另一个数据库中

1. 实验目的

熟悉 Access 系统的工作环境，掌握将数据库对象导出到另一个数据库中的一般操作方法。

2. 实验题目

导出数据库对象到另一个数据库中。

3. 操作步骤

(1) 打开数据库(阳光超市管理系统)。

(2) 在 Access 系统窗口，首先，选择表(商品)为操作对象，然后，打开导出快捷菜单，如图 9-7 所示。

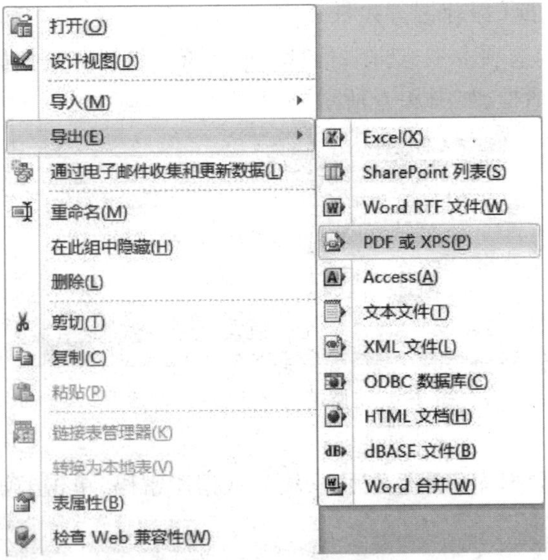

图 9-7 导出“快捷菜单”

(3) 在快捷菜单中，首先，选择“导出”命令，然后，再选择“Access(A)”命令，打开“导出—Access 数据库”对话框，如图 9-8 所示。

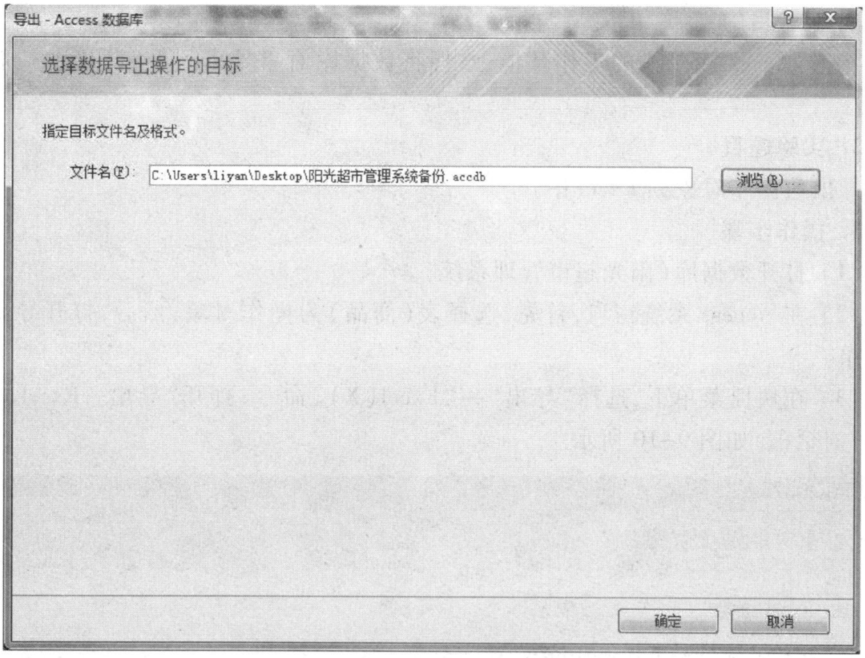

图 9-8 “导出—Access 数据库”窗口

(4) 在“导出—Access 数据库”对话框，选择存放导出对象的数据库，单击“确定”按钮，打开“导出”对话框，如图 9-9 所示。

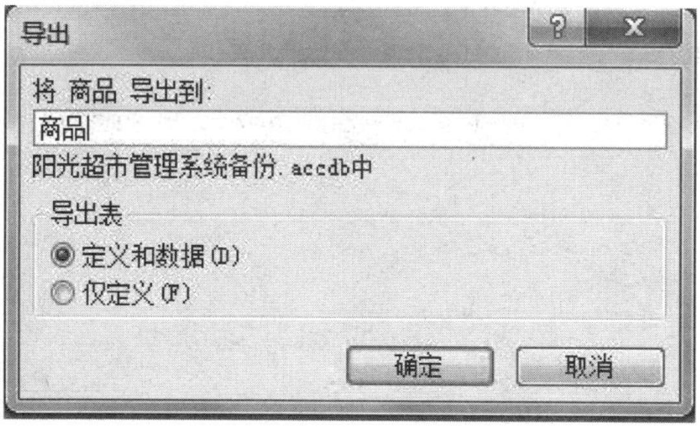

图 9-9 “导出”窗口

微视频 9-2
Access 数据库备份

(5) 在“导出”对话框，输入导出后的文件名(商品)，单击“确定”按钮，结束数据库对象导出的操作。

9.4.2 导出数据库对象到 Excel 中

1. 实验目的

熟悉"Access 系统"的工作环境，掌握将数据库对象导出到 Excel 中的一般操作方法。

2. 实验题目

导出数据库对象到 Excel 中。

3. 操作步骤

(1) 打开数据库(阳光超市管理系统)。

(2) 在 Access 系统窗口，首先，选择表(商品)为操作对象，然后，打开导出快捷菜单。

(3) 在快捷菜单下，选择"导出"→"Excel(X)"命令，打开"导出—Excel 电子表格"对话框，如图 9-10 所示。

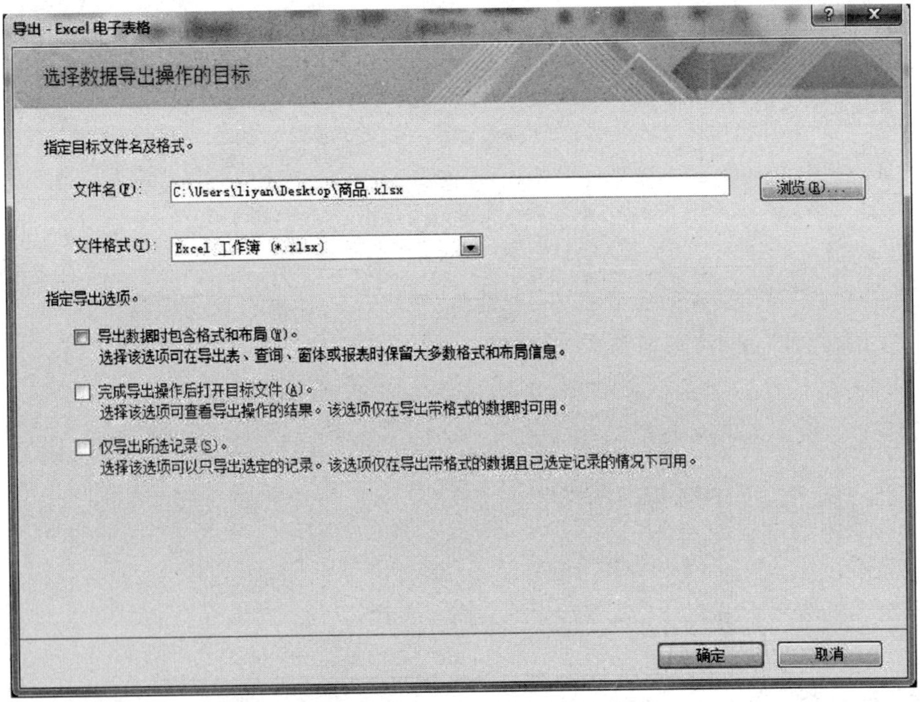

图 9-10 "导出—Excel 电子表格"窗口

(4) 在"导出—Excel 电子表格"对话框，单击"确定"按钮，结束数据库对象导出的操作。

(5) 打开"Microsoft Excel"对话框，打开"Office 按钮"下拉菜单，选择"打开"

命令，打开文件（商品），如图 9-11 所示。

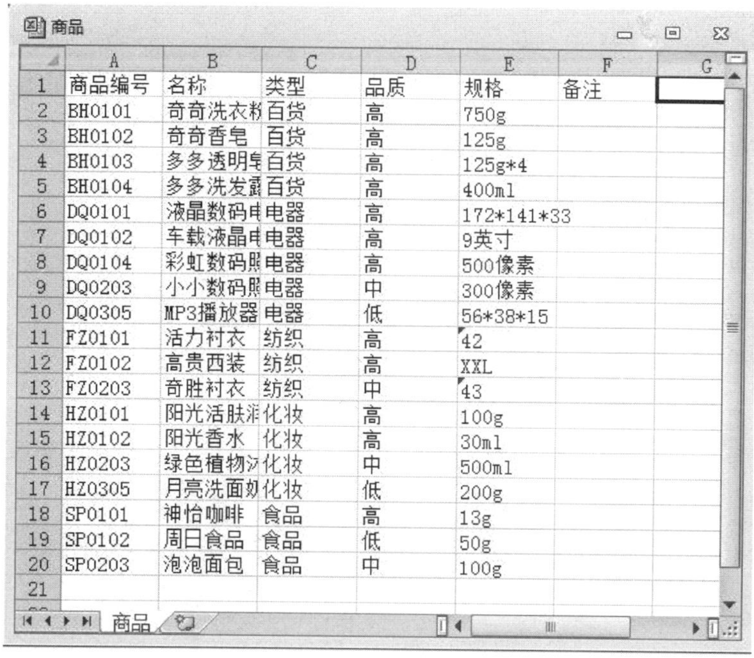

	A	B	C	D	E	F	G
1	商品编号	名称	类型	品质	规格	备注	
2	BH0101	奇奇洗衣粉	百货	高	750g		
3	BH0102	奇奇香皂	百货	高	125g		
4	BH0103	多多透明皂	百货	高	125g*4		
5	BH0104	多多洗发露	百货	高	400ml		
6	DQ0101	液晶数码电	电器	高	172*141*33		
7	DQ0102	车载液晶电	电器	高	9英寸		
8	DQ0104	彩虹数码照	电器	高	500像素		
9	DQ0203	小小数码照	电器	中	300像素		
10	DQ0305	MP3播放器	电器	低	56*38*15		
11	FZ0101	活力衬衣	纺织	高	42		
12	FZ0102	高贵西装	纺织	高	XXL		
13	FZ0203	奇胜衬衣	纺织	中	43		
14	HZ0101	阳光活肤滋	化妆	高	100g		
15	HZ0102	阳光香水	化妆	高	30ml		
16	HZ0203	绿色植物洗	化妆	中	500ml		
17	HZ0305	月亮洗面奶	化妆	低	200g		
18	SP0101	神怡咖啡	食品	高	13g		
19	SP0102	周日食品	食品	低	50g		
20	SP0203	泡泡面包	食品	中	100g		
21							

图 9-11 “Microsoft Excel”窗口

9.4.3 导出数据库对象到 Word 中

微视频 9-3
Access 导出到 Excel

1. 实验目的

熟悉 Access 系统的工作环境，掌握将数据库对象导出到 Word 中的一般操作方法。

2. 实验题目

导出数据库对象到 Word 中。

3. 操作步骤

（1）打开数据库（阳光超市管理系统）。

（2）在 Access 系统窗口，首先，选择表（商品）为操作对象，然后，打开导出快捷菜单。

（3）在快捷菜单下，选择“导出”→“Word RYF 文件（W）”命令，打开“导出—RTF 文件”对话框，如图 9-12 所示。

（4）在“导出—RTF 文件”对话框，单击“确定”按钮，结束数据库对象导出的操作。

（5）打开“Microsoft Word”窗口，打开“Office 按钮”下拉菜单，选择“打开”命

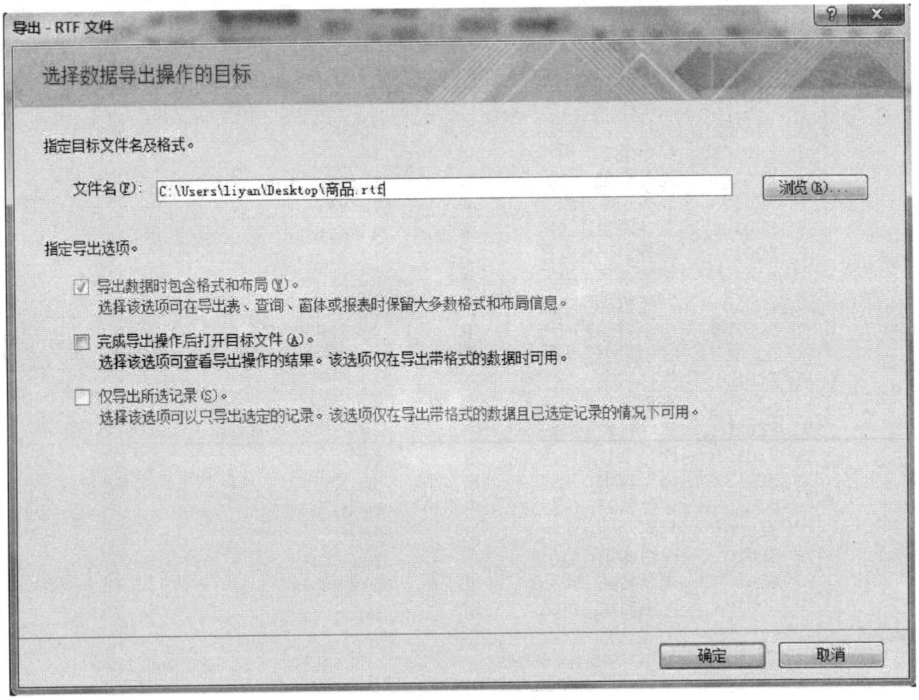

图 9-12 “导出—RTF 文件”窗口

令，打开文件（商品），如图 9-13 所示。

商品编号	名称	类型	品质	规格	备注
BH0101	奇奇洗衣粉	百货	高	750g	
BH0102	奇奇香皂	百货	高	125g	
BH0103	多多透明皂	百货	高	125g*4	
BH0104	多多洗发露	百货	高	400ml	
DQ0101	液晶数码电视机	电器	高	172*141*33	
DQ0102	车载液晶电视机	电器	高	9英寸	
DQ0104	彩虹数码照相机	电器	高	500像素	
DQ0203	小小数码照相机	电器	中	300像素	
DQ0305	MP3播放器	电器	低	56*38*15	
FZ0101	活力衬衣	纺织	高	42	
FZ0102	高贵西装	纺织	高	XXL	
FZ0203	奇胜衬衣	纺织	中	43	
HZ0101	阳光活肤润白乳	化妆	高	100g	
HZ0102	阳光香水	化妆	高	30ml	
HZ0203	绿色植物沐浴露	化妆	中	500ml	
HZ0305	月亮洗面奶	化妆	低	200g	
SP0101	神怡咖啡	食品	高	13g	
SP0102	周日食品	食品	低	50g	
SP0203	泡泡面包	食品	中	100g	

图 9-13 “Microsoft Word”窗口

微视频 9-4
Access 导出到 Word

9.4.4　导出数据库对象到文本文件中

1. 实验目的

熟悉 Access 系统的工作环境，掌握将数据库对象导出到文本文件中的一般操作方法。

2. 实验题目

导出数据库对象到文本文件中。

3. 操作步骤

(1) 打开数据库(阳光超市管理系统)。

(2) 在 Access 系统窗口，首先，选择表(商品)为操作对象，然后，打开导出快捷菜单。

(3) 在快捷菜单下，选择“导出”→“文本文件(T)”命令，打开“导出—文本文件”对话框，如图 9-14 所示。

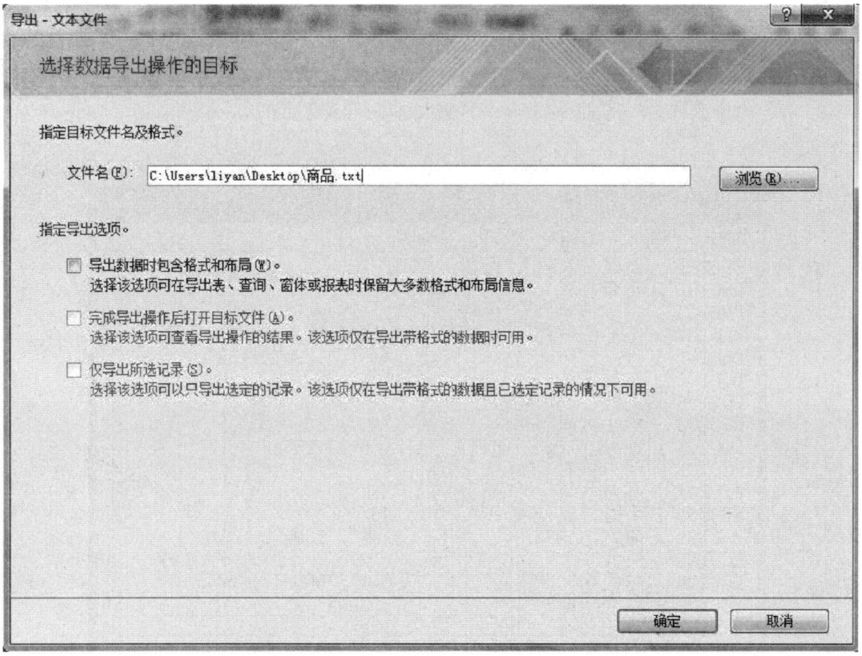

图 9-14　“导出—文本文件”对话框

(4) 在“导出—文本文件”对话框，单击“确定”按钮，打开“导出文本向导”对话框，如图 9-15 所示。

(5) 在“导出文本向导”对话框，选择相关参数，结束数据库对象导出的操作。

(6) 打开“记事本”窗口，打开“Office 按钮”下拉菜单，选择“打开”命令，打开文件(商品),如图 9-16 所示。

图 9-15　“导出文本向导”对话框

微视频 9-5
Access 导出到文本文件

图 9-16　“记事本”窗口

9.5 导入数据库对象

在 Access 中,不但可以导出数据库对象、电子表格、文档格式和数据文件的数据,还可以将其他数据库中的数据库对象,以及其他系统软件程序所创建的外部文件,导入到 Access 中。

9.5.1 导入另一个数据库对象到数据库中

1. 实验目的

熟悉 Access 系统的工作环境,掌握将数据库对象导入到另一个数据库中的一般操作方法。

2. 实验题目

导入另一个数据库对象到数据库中。

3. 操作步骤

(1) 打开数据库(阳光超市管理系统)。

(2) 在 Access 系统窗口,打开“外部数据”选项卡,如图 9-17 所示。

图 9-17 导入“快捷菜单”

(3) 在“外部数据”选项卡中,单击“Access”按钮,打开“获取外部数据—Access 数据库”对话框,如图 9-18 所示。

(4) 在“获取外部数据—Access 数据库”对话框,单击“确定”按钮,打开“导入对象”对话框,如图 9-19 所示。

(5) 在“导入对象”对话框,选择要导入数据库对象窗体(表 1),单击“确定”按钮,结束数据库对象导入的操作。

9.5.2 导入 Excel 到数据库中

1. 实验目的

熟悉 Access 系统的工作环境,掌握导入 Excel 到数据库中的一般操作方法。

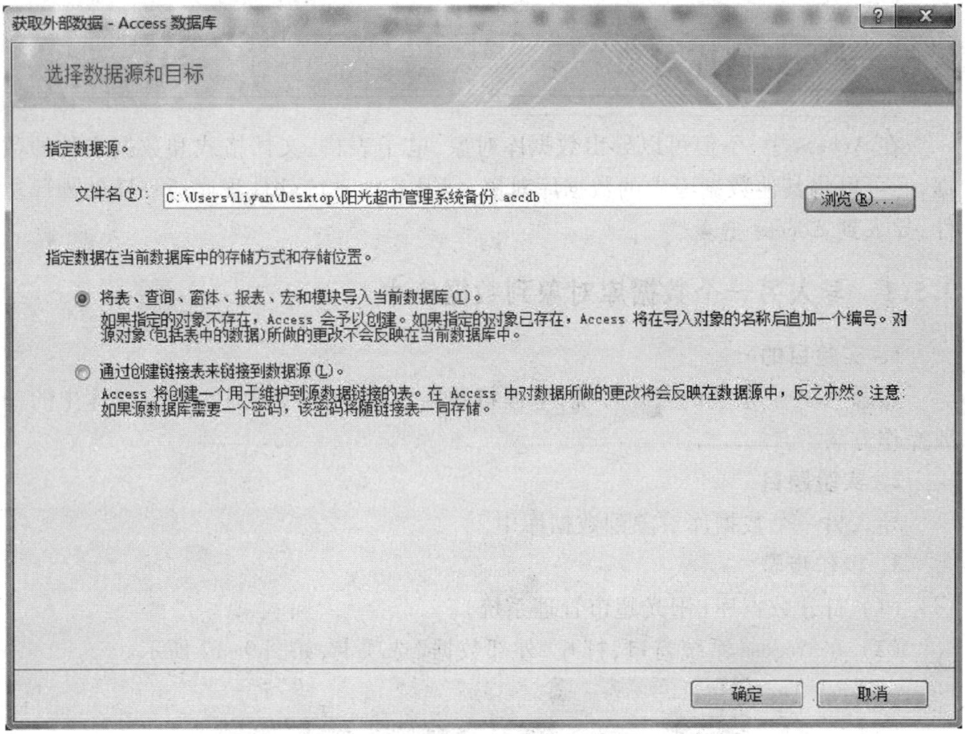

图 9-18 “获取外部数据—Access 数据库”对话框

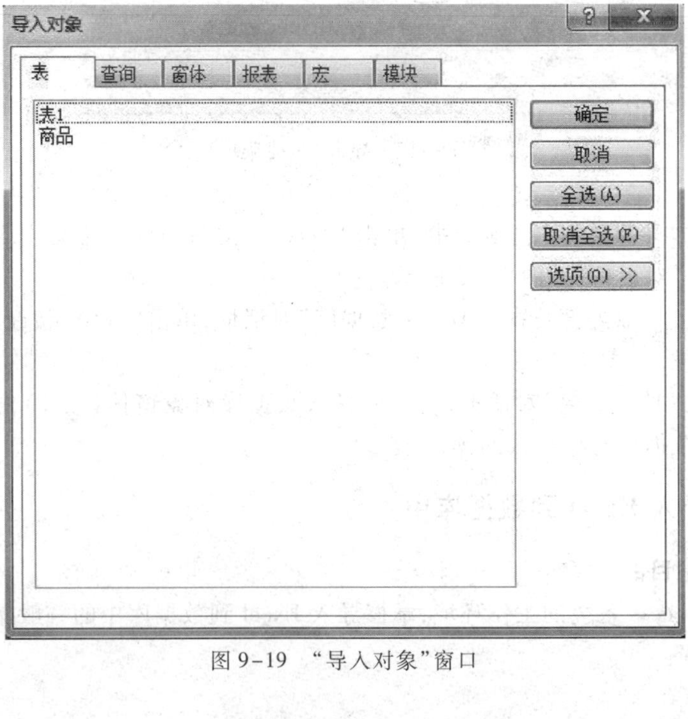

图 9-19 “导入对象”窗口

2. 实验题目

导入 Excel 到数据库中。

3. 操作步骤

(1) 打开数据库(阳光超市管理系统)。

(2) 在 Access 系统窗口,打开“外部数据”选项卡,单击“Excel”按钮,打开“获取外部数据—Excel 电子表格”对话框,如图 9-20 所示。

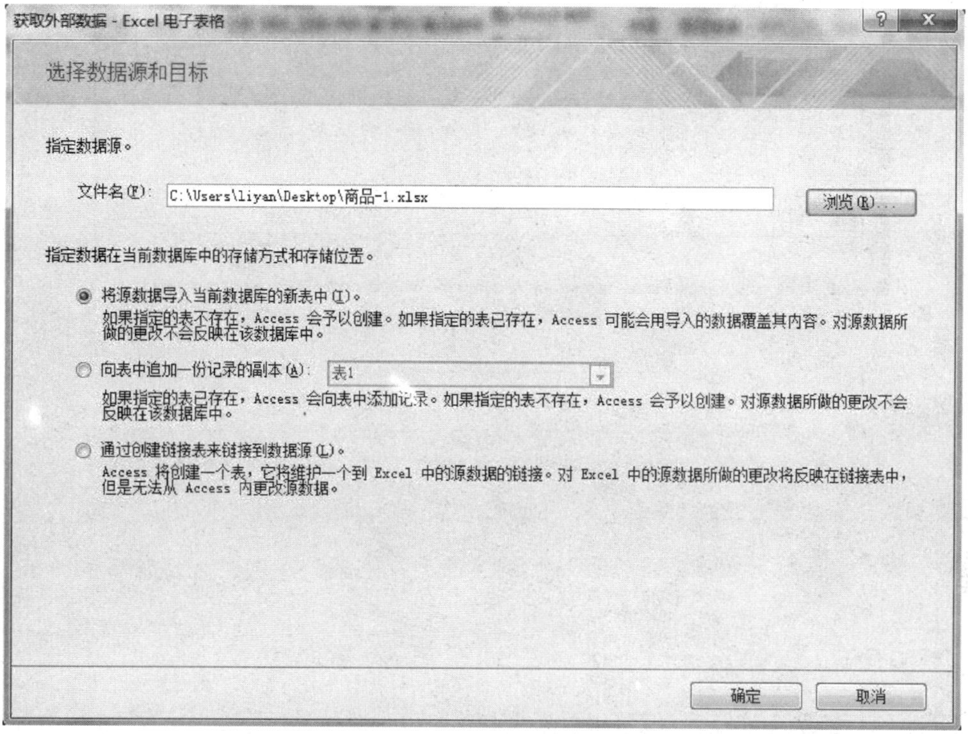

图 9-20 “获取外部数据—Excel 电子表格”窗口

(3) 在“获取外部数据—Excel 电子表格”对话框,选择外部数据源(商品-1),单击“确定”按钮,打开“导入数据表向导”对话框,如图 9-21 所示。

(4) 在“导入数据表向导”对话框,可按“导入数据表向导”的指引,定义相关参数,完成 Excel 数据的导入。

(5) 在 Access 系统窗口,打开导入对象(商品-1),再单击“打开”按钮,如图 9-22所示。

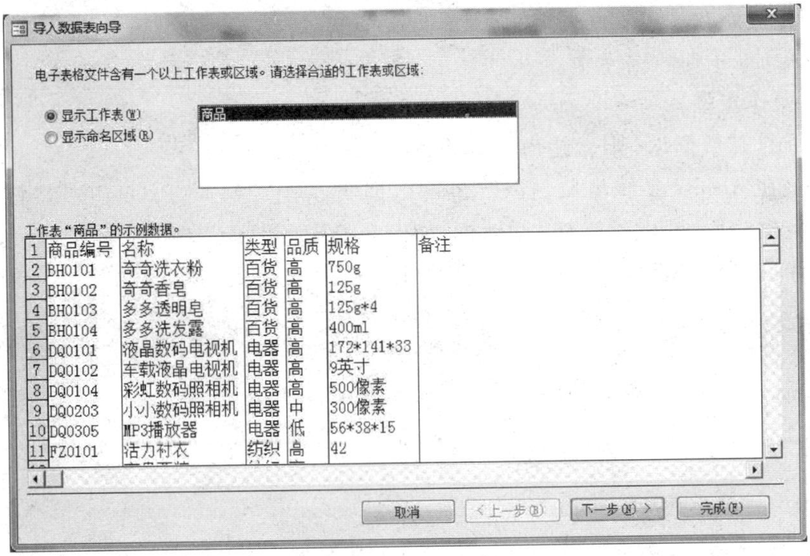

图 9-21 "导入数据表向导"对话框

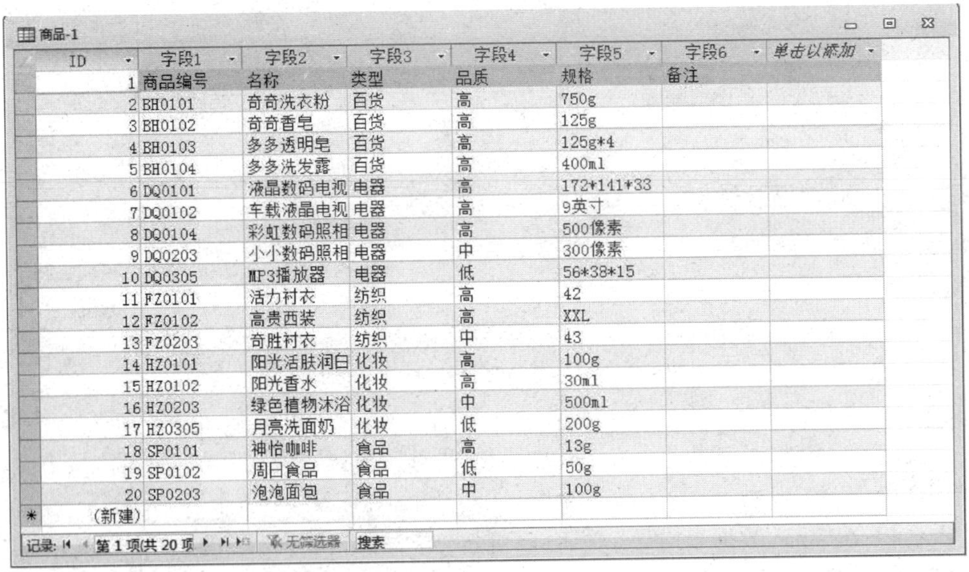

ID	字段1	字段2	字段3	字段4	字段5	字段6	单击以添加
1	商品编号	名称	类型	品质	规格	备注	
2	BH0101	奇奇洗衣粉	百货	高	750g		
3	BH0102	奇奇香皂	百货	高	125g		
4	BH0103	多多透明皂	百货	高	125g*4		
5	BH0104	多多洗发露	百货	高	400ml		
6	DQ0101	液晶数码电视	电器	高	172*141*33		
7	DQ0102	车载液晶电视	电器	高	9英寸		
8	DQ0104	彩虹数码照相	电器	高	500像素		
9	DQ0203	小小数码照相	电器	中	300像素		
10	DQ0305	MP3播放器	电器	低	56*38*15		
11	FZ0101	活力衬衣	纺织	高	42		
12	FZ0102	高贵西装	纺织	高	XXL		
13	FZ0203	奇胜衬衣	纺织	中	43		
14	HZ0101	阳光活肤润白	化妆	高	100g		
15	HZ0102	阳光香水	化妆	高	30ml		
16	HZ0203	绿色植物沐浴	化妆	中	500ml		
17	HZ0305	月亮洗面奶	化妆	低	200g		
18	SP0101	神怡咖啡	食品	高	13g		
19	SP0102	周日食品	食品	低	50g		
20	SP0203	泡泡面包	食品	中	100g		
(新建)							

图 9-22 导入对象(商品-1)

第 10 章　小型应用系统开发

开发数据库应用系统是使用 Access 数据库管理系统软件的最终目的。在本章我们将整体性地介绍数据库应用系统开发过程,综合地运用前面各章所讲的数据库管理软件操作知识和设计技巧,完成一个小型应用系统开发的全过程,本章将讲解一个具体案例(阳光超市管理系统),它是为某超市业务总管设计的超市业务管理数据库应用系统,但是一个教学案例,若想应用于实践还需进一步开发。

10.1　应用系统开发概述

一般来说,数据库应用系统开发要经过系统分析、系统设计、系统实施和系统维护几个不同的阶段。

10.1.1　系统分析阶段

开发数据库应用系统,系统分析是我们首先遇到的重要的环节。系统分析的好坏程度决定系统的成败,系统分析做得越好,系统开发的过程就越顺利。

在数据库应用系统开发的分析阶段,要在信息收集的基础上确定系统开发的可行性思路。也就是要求程序设计者通过对将要开发的数据库应用系统的相关信息进行收集,确定该数据库应用系统的总需求目标、开发的总体思路及开发所需的时间等。

在数据库应用系统开发的分析阶段,明确数据库应用系统的总需求目标是最重要的内容。作为系统开发者,要清楚是为谁开发数据库应用系统,由谁来使用数据库应用系统,由于使用者的不同,数据库应用系统目标的角度是不一样的。

以“阳光超市管理系统”为例,如果我们设计的数据库应用系统是给超市财务经理使用的,数据库管理系统所管理的应该是有关商品财务信息方面的资料,如商品进货价格、零售价格、销售数量、销售金额、员工工资级别、日累计金额、月累计金额及盈亏等信息。

如果我们设计的数据库应用系统是给超市营销经理使用的,数据库管理系统所管理的应该是有关商品营销信息方面的资料,如商品进货数量、库存数量、销售数量、滞销商品、热卖商品等信息。

如果我们设计的数据库应用系统是给超市人事部门经理使用的,数据库管理系统所管理的应该是有关超市员工信息方面的资料,如员工职能分工、员工数量、员工个人资料、员工工资、聘用员工等信息。

如果我们设计的数据库应用系统是给超市总经理使用的,数据库管理系统所管理的应该是有关超市财务信息、营销信息、员工信息等信息的综合和信息集合。

10.1.2 系统设计阶段

在数据库应用系统开发分析阶段确立的总体目标基础上,就可以进行数据库应用系统开发的逻辑模型或规划模型的设计。

数据库应用系统开发设计的首要任务,就是对数据库应用系统进行总体规划,只有认真细致地做好总体规划,才能省时、省力、节省资金。而总体规划任务的具体化,就是要确立该数据库系统的逻辑模型的总体设计方案,具体确立数据库应用系统所具有的功能,明确各个系统功能模块所承担的任务,特别是要明确数据的输入、输出要求等。

"阳光超市管理系统"总体规划以及各子系统功能模块,如图 10-1 所示。

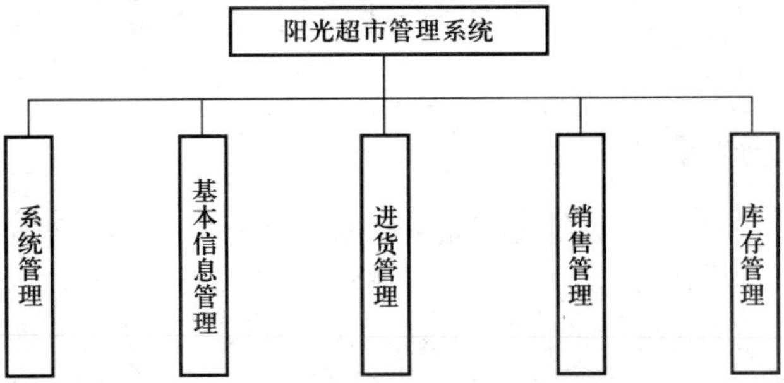

图 10-1 系统功能框图

10.1.3 系统实施阶段

在数据库应用系统开发的实施阶段,主要任务是按系统功能模块的设计方案,具体实施系统的逐级控制和各独立模块的建立,从而建立形成一个完整的应用开发系统。

在建立应用系统的过程中,要按系统论的思想,把数据库应用系统视为一个大的系统,将这个大系统再分成若干相对独立的小系统,保证高级控制程序能够控制各个子功能模块功能的实现。

在数据库应用系统开发的实施阶段,一般采用"自顶向下"的设计思路和步骤来开发系统,通过系统菜单或系统控制面板逐级控制更低一层的模块,确保每一个模块完成一个独立的任务,且受控于系统菜单或系统控制面板。

具体设计数据库应用系统时,要做到每一个模块易维护、易修改,并使每一个功能模块尽量小而简明，使模块间的接口数目尽量得少。

10.1.4 系统维护阶段

数据库应用开发系统建立后，就进入了调试和维护阶段。

在数据库应用系统开发的维护阶段，要修正数据库应用系统的缺陷，增加新的功能。

在数据库应用系统开发的维护阶段，测试数据库应用系统的性能尤为关键，不仅要通过调试工具检查、调试数据库应用系统，还要通过模拟实际操作或实际操作验证数据库应用系统，若出现错误或有不适当的地方要及时加以修正。

10.2 应用系统的主体设计

前面讲的数据库应用系统的一般开发过程，其核心内容是设计数据库应用系统的逻辑模型或规划模型，这是数据库系统设计过程的第一步，而这种规划性设计的核心内容是要规划好系统的主控模块和若干主要功能模块的规划方案，这是整个数据库应用系统设计开发的关键。

在数据库应用系统规划设计中，首先要确定好系统的主控模块及主要功能模块的设计思路和方案。一般的数据库应用系统的主控模块包括：系统主页，系统登录、控制面板、系统主菜单；主要功能模块包括数据库的设计，数据输入窗体、数据维护窗体、数据浏览窗体、查询窗体的设计，统计报表的设计等。

10.2.1 设计数据库

数据库应用系统的数据库作为系统的一个主要功能模块，是系统的数据源，也即整个系统运行过程中全部数据的来源。

在进行数据库应用系统开发时，一定要规划设计好数据库，设计好数据库中的诸多数据表，设计好数据表间的关联关系，设计好数据表的结构，然后再设计由表生成的查询。

一个数据库应用系统的好坏，数据库设计是关键。数据库应用系统的数据量越大，数据来源越复杂，数据库设计的好坏就越显得重要。因此，数据库的规划设计是系统设计中非常重要的一步，它将影响着整个系统的设计过程。

（1）“阳光超市管理系统”数据库概念结构，如图 10-2 所示。

（2）“阳光超市管理系统”数据库逻辑结构如下。

部门（<u>部门编号</u>，部门名称，部门电话，负责人，员工人数，备注）

工资（<u>工资编号</u>，员工编号，姓名，时间，应发工资，扣款，税款，实发工资）

交易（<u>交易号</u>，交易时间，交易金额，终端，收银员，备注）

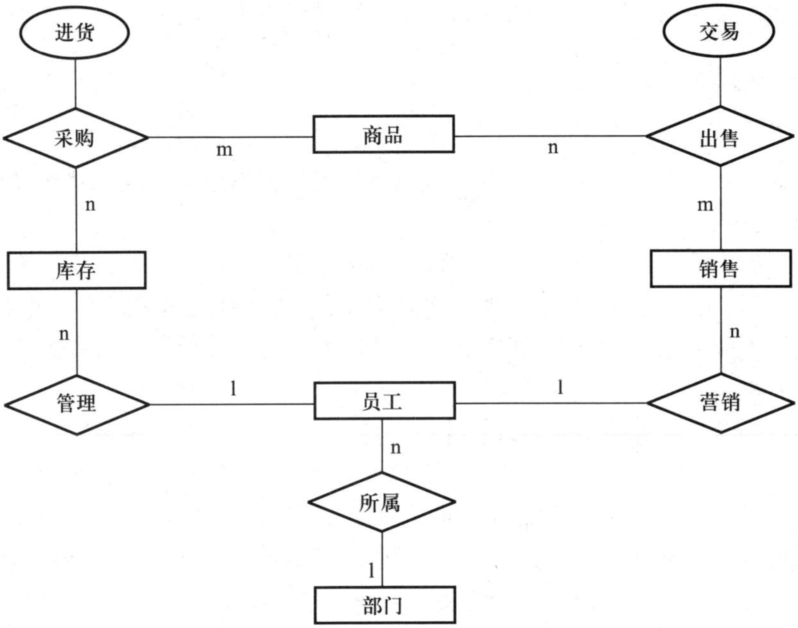

图10-2 概念结构图

进货(进货单号,进货日期,进货数量,数量单位,进货价格,生产厂家,厂家地址,联系电话,联系人,经办人,商品编号,备注)

库存(库存单号,进出情况,进出时间,进出数量,库管员,进货单号,备注)

商品(商品编号,名称,类型,品质,规格,备注)

销售(商品编号,商品单价,商品数量,交易号,备注)

用户(用户编号,用户名,密码,备注)

员工(员工编号,姓名,性别,年龄,民族,电话,住址,照片,部门编号,备注)

(3)"阳光超市管理系统"数据库中各表的结构如表10-1～表10-9所示。

表10-1 商品信息表结构

字段名	字段类型	字段长度	索引类型	备注
商品编号	文本	6	主索引	主键
名称	文本	20	—	—
类型	文本	10	—	—
品质	文本	6	—	—
规格	文本	20	—	—
备注	备注	默认值	—	—

注:商品编号(ABCDEF) AB:商品类型编号,CD:商品品质编号,EF:商品顺序编号

表 10-2 交易情况表结构

字段名	字段类型	字段长度	索引	备注
交易号	文本	4	有(无重复)	主键
交易时间	日期/时间	默认值	—	中日期
交易金额	货币	默认值	—	—
终端	文本	2	—	—
收银员	文本	10	—	—
备注	备注	默认值	—	—

表 10-3 销售情况表结构

字段名	字段类型	字段长度	索引	备注
商品编号	文本	6	—	—
商品单价	数字	单精度	—	—
商品数量	数字	长整型	—	—
交易号	文本	4	—	外键
备注	备注	默认值	—	—

表 10-4 进货情况表结构

字段名	字段类型	字段长度	索引	备注
进货单号	自动编号	默认值	有(无重复)	主键
进货日期	日期/时间	默认值	—	中日期
进货数量	数字	长整型	—	—
数量单位	文本	2	—	—
进货价格	数字	单精度	—	—
生产厂家	文本	20	—	—
厂家地址	文本	50	—	—
联系电话	文本	20	—	—
联系人	文本	10	—	—
经办人	文本	10	—	—
商品编号	文本	6	—	外键
备注	备注	默认值	—	—

表 10-5 库存情况表结构

字段名	字段类型	字段长度	索引	备注
商品编号	文本	6	—	—
进出情况	文本	2	—	—
进出时间	日期/时间	默认值	—	中日期
进出数量	数字	长整型	—	—
库管员	文本	10	—	—
备注	备注	默认值	—	—

表 10-6 部门信息表结构

字段名	字段类型	字段长度	索引	备注
部门编号	文本	2	有(无重复)	主键
部门名称	文本	20	—	—
部门电话	文本	12	—	—
负责人	文本	10	—	—
员工人数	数字	默认值	—	整型
备注	备注	默认值	—	—

表 10-7 员工情况表结构

字段名	字段类型	字段长度	索引	备注
员工编号	文本	6	有(无重复)	主键
姓名	文本	10	—	—
性别	文本	2	—	—
年龄	数字	整型	—	—
民族	文本	10	—	—
电话	文本	20	—	—
住址	文本	50	—	—
照片	OLE 对象	默认值	—	—
部门编号	文本	2	—	外键
备注	备注	默认值	—	—

注:员工编号(ABCDEF) AB:部门编号,CD:岗位编号,EF:人员顺序编号

表 10-8　工资发放情况表结构

字段名	字段类型	字段长度	索引	备注
工资编号	自动编号	默认值	有(无重复)	主键
员工编号	文本	6	—	—
姓名	文本	10	—	—
时间	日期/时间	默认值	—	—
应发工资	数字	单精度型	—	—
扣款	数字	单精度型	—	—
税款	数字	单精度型	—	—
实发工资	数字	单精度型	—	—
备注	备注	默认值	—	—

表 10-9　用户情况表结构

字段名	字段类型	字段长度	索引	备注
用户编号	自动编号	默认值	有(无重复)	主键
用户名	文本	20	—	—
密码	文本	20	—	—
备注	备注	默认值	—	—

(4)“阳光超市管理系统”数据库中各表间的关联关系,如图 10-3 所示。

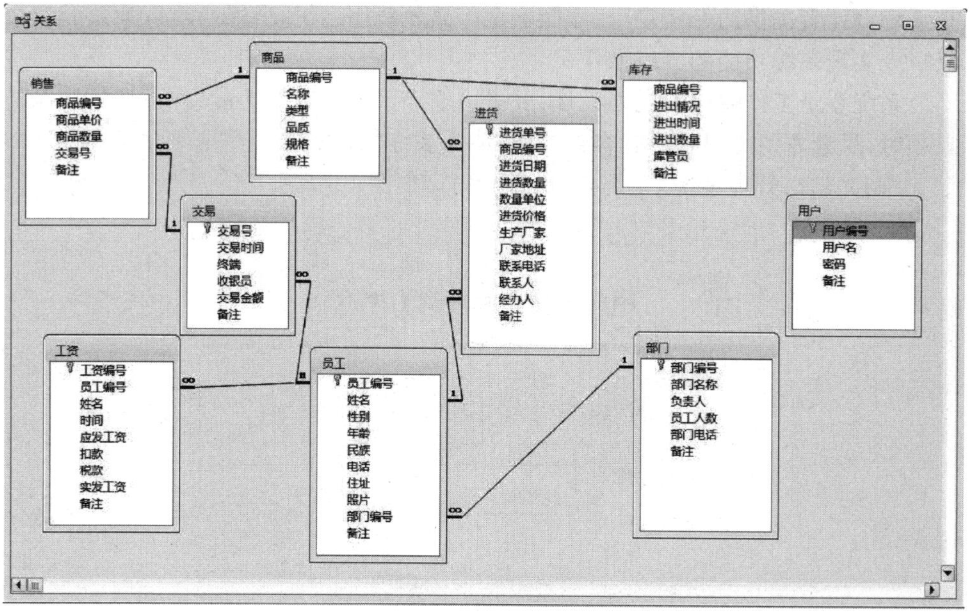

图 10-3　表间的关联关系

10.2.2 设计系统首页

数据库应用系统主页是整个系统最高一级的工作窗口，通常通过这个工作窗口，启动系统登录工作窗口，并简介系统总体功能或说明系统的设计者、开发时间等信息。数据库应用系统主页的规划设计，要考虑界面的美观大方，要通过主页界面吸引用户对系统的关注，以及引导用户方便地进入系统。

“阳光超市管理系统”系统主页，如图10-4所示。

图10-4 主页

10.2.3 设计登录窗口

系统登录工作窗口是用来控制操作员使用系统口令输入的窗口，操作员只有按系统设计者提供的保密口令，才能安全可靠地使用系统，另外也可以通过系统分级口令实现系统功能的分级操作。

系统登录工作窗口的规划设计，要提供输入系统口令的功能，在保证输入系统口令时，尽量方便、简捷，要有容错功能，还为系统“日志”表提供必要的数据。

“阳光超市管理系统”系统登录工作窗口，如图10-5所示。

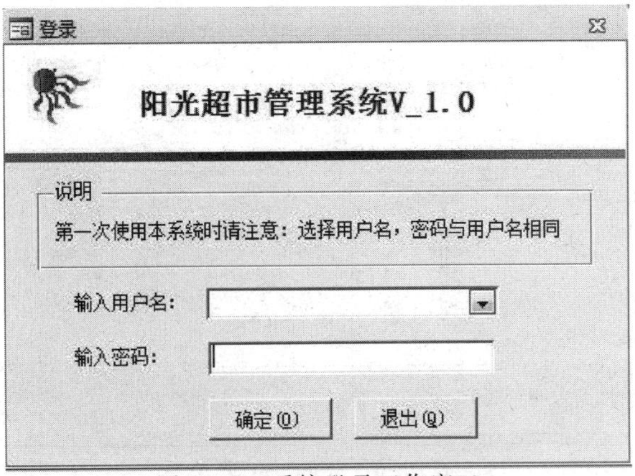

图10-5 系统登录工作窗口

10.2.4 设计控制面板

在 Access 中,控制面板是一个具有专门功能的窗体,它可以调用主菜单,并提供实现系统功能的方法。

"阳光超市管理系统"控制面板,如图 10-6 所示。

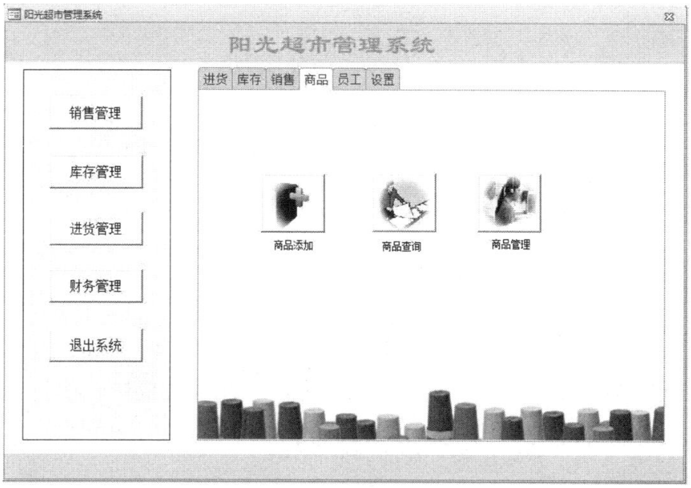

图 10-6 控制面板

10.2.5 设计数据操作窗口

规划设计数据库应用系统的数据窗体,主要应设计好以下几种类型的窗体。

1. 数据输入窗体

数据库应用系统数据输入窗体,是原始数据输入的工作窗口。数据输入窗体要有增加数据和保存数据的功能,保证数据输入的准确、快捷。

"阳光超市管理系统"数据输入窗体,如图 10-7 所示。

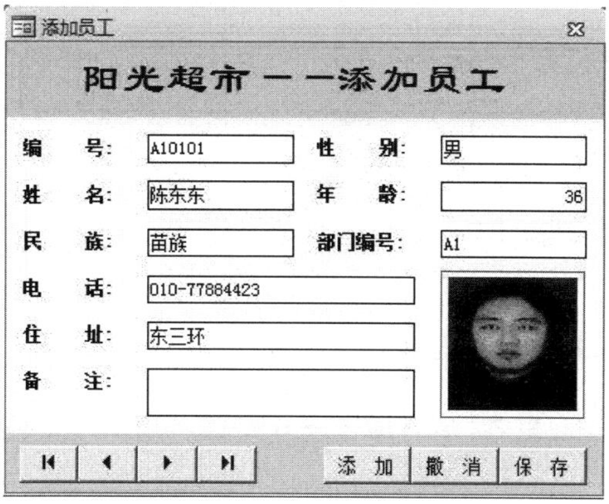

图 10-7 数据输入窗体

2. 数据维护窗体

数据库应用系统数据维护窗体,是用来维护系统全部数据资源的工作窗口。数据维护窗体要有修改、删除、增加及保存数据的功能。

“阳光超市管理系统”数据维护窗体,如图 10-8 所示。

商品编号	进货日期	进货数量	数量单位	进货价格	生产厂家	厂家地址	联系电话	联系人	经办人
SP0101	2013/9/1	20	袋	1.2	美好食品厂	北京	010-65438228	王二小	解晓函
HZ0203	2013/11/27	20	瓶	450	芳香制造	北京	010-32234445	潘琵琵	霍热平
SP0102	2013/9/1	300	袋	2.5	味美食品	上海	021-82814419	刘大	解晓函
BH0103	2013/9/15	200	捆	4.1	北京日用品	北京	010-24562467	童工工	霍热平
DQ0101	2013/9/20	10	台	1200	东华电器	深圳	0755-8977578	肖和平	解晓函
DQ0102	2013/10/1	10	台	940	日明彩电	深圳	0755-4567890	汪洋	解晓函
DQ0203	2013/10/10	5	架	3000	彩虹照相机	北京	010-31245689	霍小小	解晓函
FZ0203	2013/10/20	70	件	100	苏州纺织厂	苏州	0512-5678966	毛电滴	肖淡薄
HZ0101	2013/10/20	100	瓶	106	北京日化	北京	010-34678765	吕玉格	霍热平
HZ0102	2013/10/25	40	瓶	180	美肤日化	北京	010-34568766	林地提	霍热平
*		0		0					

图 10-8 数据维护窗体

3. 数据查询窗体

数据库应用系统数据查询窗体,是系统进行数据信息检索的工作窗口。

数据查询窗体要有查找、发布、浏览以及输出数据信息的功能。

“阳光超市管理系统”数据查询窗体,如图 10-9 所示。

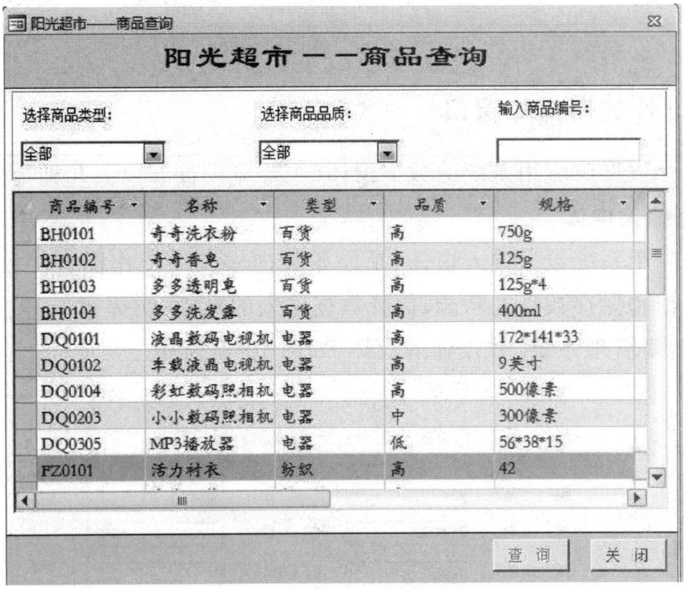

商品编号	名称	类型	品质	规格
BH0101	奇奇洗衣粉	百货	高	750g
BH0102	奇奇香皂	百货	高	125g
BH0103	多多透明皂	百货	高	125g*4
BH0104	多多洗发露	百货	高	400ml
DQ0101	液晶数码电视机	电器	高	172*141*33
DQ0102	车载液晶电视机	电器	高	9英寸
DQ0104	彩虹数码照相机	电器	高	500像素
DQ0203	小小数码照相机	电器	中	300像素
DQ0305	MP3播放器	电器	低	56*38*15
FZ0101	活力衬衣	纺织	高	42

图 10-9 数据查询窗体

10.2.6 设计报表

数据库应用系统的报表,是数据库中数据输出的工作窗口,也是通过打印机打印输出的格式文件。数据报表的规划设计主要是要提出对报表的布局、页面大小、附加标题、各种说明信息的设计思路和方案，并使其在实用、美观的基础上，还能够完成对数据源中数据的统计分析计算，然后按指定格式打印输出。

“阳光超市管理系统”原始数据报表，如图 10-10 所示。

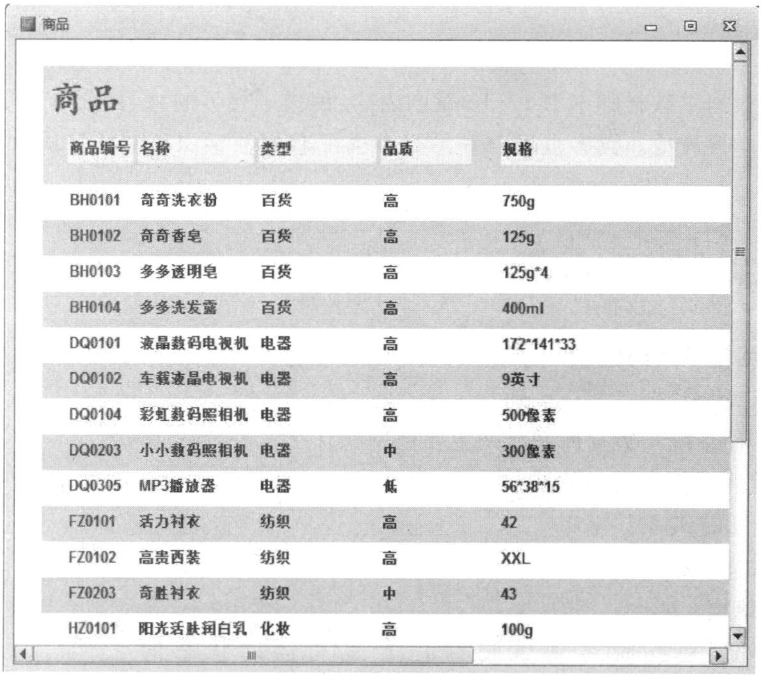

图 10-10　原始数据报表

“阳光超市管理系统”统计分析计算数据报表，如图 10-11 所示。

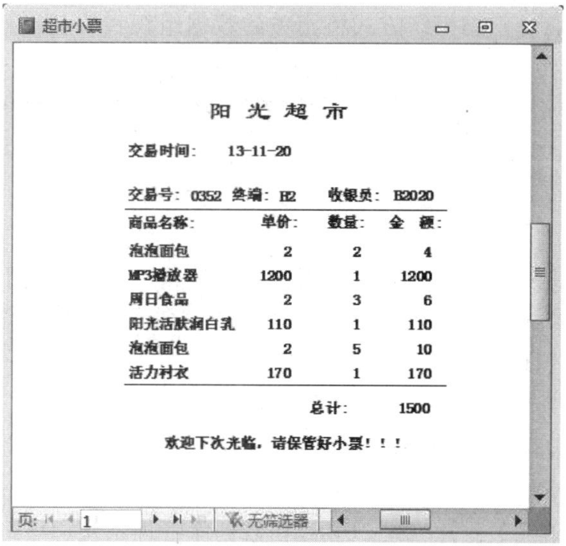

图 10-11

微视频 10-1
Access 小型数据库应用系统开发的一般方法

微视频 10-2
Access 阳光超市管理系统软件演示

第 11 章　Access 练习集

本章根据主教材和本书 1 ~ 10 章的内容，编排了相关的练习题，可以更好地检验知识的掌握程度。读者也可以登录与本书配套的数字课程在线完成这些练习，并查阅练习题答案。

11.1　基本概念练习

一、回答下列问题

1. 信息和数据有什么区别？

2. 文件系统与数据库系统的主要区别是什么？

3. 试述三种不同的数据范畴。

4. 什么是关系数据库？

5. 试述数据库的三级结构。

二、填空

1. 数据是反映客观事物存在方式和运动状态的________，是信息的________。

2. 常用的数学模型有________、________、________、________。

3. 数据库是以一定的组织方式将相关的数据组织在一起，长期存放在计算机内，可为多个用户共享，与应用程序彼此独立，统一管理的________。

4. ________软件具有数据的安全性控制、数据的完整性控制、并发控制和故障恢复功能。

5. Access 系统是________。

三、单选

1. 下面列出的数据库管理技术发展的三个阶段中，没有专门的软件对数据进行管理的是(　　)。

A. 只有人工管理阶段

B. 只有文件系统阶段

C. 文件系统阶段和数据库阶段

D. 人工管理阶段和文件系统阶段

2. 数据库(DB)、数据库系统(DBS)和数据库管理系统(DBMS)之间的关系是(　　)。

A. DBS 包括 DB 和 DBMS

B. DBMS 包括 DB 和 DBS

C. DB 包括 DBS 和 DBMS

D. DBS 就是 DB,也就是 DBMS

3. 下列四项中,不属于数据库系统特点的是(　　)。

A. 数据共享　　B. 数据完整性

C. 数据冗余度高　　D. 数据独立性高

4. 数据库系统分类根据的是(　　)。

A. 文件形式　　B. 记录类型

C. 数据模型　　D. 数据类型

5. 用户或应用程序看到的那部分局部逻辑结构和特征的描述是(　　)。

A. 模式　　B. 外模式

C. 外模式和内模式　　D. 内模式

6. 下述选项中不是 DBA 数据库管理员职责的是(　　)。

A. 完整性约束说明　　B. 定义数据库模式

C. 数据库安全　　D. 数据库管理系统设计

7. 关系数据模型是目前最常用的一种数据模型,它的三个要素分别是(　　)。

A. 实体完整性、参照完整性、用户自定义完整性

B. 数据结构、关系操作、完整性约束

C. 数据增加、数据修改、数据查询

D. 外模式、模式、内模式

8. 有一个结点可以有多个双亲,结点之间可以有多种联系的数据模型是(　　)。

A. 网状模型　　B. 关系模型

C. 层次模型　　D. 以上都有

9. 下列四个选项中,不属于数据库管理系统的组成部分的是(　　)。

A. 数据描述子语言　　B. 数据操纵子语言

C. 数据库管理例行程序　　D. 数据控制子语言

10. 数据库系统与文件系统的最根本区别是(　　)。

A. 文件系统只能管理程序文件,而数据库系统可以管理各种类型文件

B. 数据库系统复杂,而文件系统简单

C. 文件系统管理的数据量少,而数据库系统可以管理庞大数据量

D. 文件系统不能解决数据冗余和数据的独立性,而数据库系统能

11.2 关系数据库基础练习

一、回答下列问题

1. 描述数据库设计步骤。
2. 简述需求分析阶段的任务。
3. 什么是码?
4. 解释实体、实体型和实体集。
5. 解释关系、属性的元组。

二、填空

1. 数据库系统体系结构中三级模式是________、________、________。
2. 在一个关系中,每一个数据都可看成独立的________。
3. ________是对关系中元组的唯一性约束,也就是对关系的主码的约束。
4. 若想设计一个性能良好的数据库,就要尽量满足________原则。
5. 关系之间的关联就是通过主码与________作为纽带实现关联的。

三、单选

1. 根据关系规范化理论,对于关系模式的任何属性,其(　　)。

A. 属性可再分　　B. 属性命名可以不唯一

C. 属性不可再分　　D. 以上都不是

2. 对于现实世界中某一事物的某一特征,在实体-联系模型中使用(　　)。

A. 属性描述　　B. 关键字描述

C. 关系描述　　D. 实体描述

3. 以下选项中哪个不是数据库设计的内容?(　　)

A. 创建数据库　　B. E-R模型设计

C. 逻辑结构设计　　D. 需求分析

4. 一般地,一个数据库系统的外模式(　　)。

A. 只能有一个　　B. 至少两个

C. 个数跟内模式相同　　D. 可以有多个

5. 数据库类型是根据什么区分的?(　　)

A. 数据模型　　B. 文件形式

C. 数据项类型　　D. 记录类型

6. 对于关系的描述正确的是(　　)。

A. 同一个关系中第一个属性必须是主键

B. 同一个关系中主属性必须升序

C. 同一个关系中不能出现相同的属性

D. 同一个关系中可出现相同的属性

7. 下列关于层次模型的说法，不正确的是(　　)。

A. 用树形结构来表示实体及实体间的联系

B. 有且仅有一个结点无双亲

C. 其他结点有且仅有一个双亲

D. 用二维表结构表示实体与实体之间的联系的模型

8. 设有“学生”和“班级”两个实体，每个学生只能属于一个班级，一个班级可以有多个学生，“学生”和“班级”两个实体间的联系是(　　)。

A. 多对多　　B. 一对多

C. 多对一　　D. 一对一

9. 如果把学生的自然情况看成是实体，某个学生的姓名叫“胡冬明”，则“胡冬明”是实体的(　　)。

A. 属性型　　B. 属性值

C. 记录型　　D. 记录值

10. 概念模型只能表示(　　)。

A. 实体间 1:1 联系

B. 实体间 1:n 联系

C. 实体间 m:n 联系

D. 实体间的上述三种关系

四、设计

1. 设计一个“图书销售信息管理系统”数据库，已知信息如下。

(1) 书店销售的图书近上万册。

(2) 按种类可分十几类(文学、自然科学、社会科学、生活、医学等)。

(3) 每天图书销售信息。

(4) 每本书出版信息。

2. 设计一个“就业信息管理系统”数据库，已知信息如下。

(1) 招聘信息。

(2) 需就业人员求职信息。

(3) 应聘安置信息。

11.3 数据库操作练习

一、回答下列问题

1. 试述创建数据库的方法，它们有什么优点？

2. 简述什么情况下要使用数据库转换技术。

3. 叙述对数据库进行“压缩/修复数据库”有什么益处。

4. 叙述模块在数据库中所起的作用。

5. 叙述表与查询的不同。

6. 叙述怎样进行低版本向高版本升级？

7. 叙述窗体与报表的不同，它们各有什么优点？

8. 什么是宏？宏在数据库中所起的作用是什么？

9. 简述Access数据库有多少种常用数据库对象。

10. 打开数据库的方式有几种？作用是什么？

二、填空

1. 使用数据库，或维护数据库，都必须要把数据库________。

2. 查询是一个或多个表的________，它还是其他数据库对象的数据来源。

3. 压缩数据库可以________，消除磁盘中的碎片，修复遭到破坏的数据库。

4. 修复数据库可以重新整理数据库，可以恢复因________或________造成的数据破坏。

5. 表是整个数据库系统的________。

6. 当一个数据库文件被打开后，数据库中的全部资源的基本属性都可以通过________窗口设置。

7. 窗体是________窗口。

8. 报表可用于屏幕预览和________输出。

9. 模块是由Visual Basic程序设计语言编写的________程序。

10. 在Access 2010中，可以实现数据库的________升级。

三、单选

1. 不是Access数据库对象的是(　　)。

A. 表　　B. 查询

C. 视图　　D. 模块

2. 若不想修改数据库文件中的数据库对象，打开的数据库文件时，要选择什么样的方式？(　　)

A. 以只读方式打开　　B. 以独占方式打开

C. 以独占只读方式打开　　D. 打开

3. Access系统界面不包括(　　)。

A. 选项卡　　B. 数据库

C. 状态栏　　D. 功能区

4. Access默认的数据库文件夹是(　　)。

A. Access　　B. My Documents

C. 用户自定义的文件夹　　D. Temp

5. 以下哪种方法能够关闭数据库？（　　）

A. 在“Access 系统”窗口，选择 Esc 键。

B. 在“Access 系统”窗口，按字母 X 键。

C. 在“Access 系统”窗口，单击“×”按钮。

D. 在“Access 系统”窗口，按 Ctrl+Alt+Del 键

11.4 表操作练习

一、回答下列问题

1. 简述设计表结构时考虑的内容是什么。
2. 简述设计表中字段的基本属性和特殊属性有哪些。
3. 叙述什么是索引。
4. 简述查找和替换的操作过程。
5. 叙述创建表间关联关系的方法。
6. 表间的关联关系有几种，有什么不同？
7. 使用子表有什么好处？
8. 简述数值型、货币型和自动编号型数据异同。
9. 试列举 3 种字段输入/显示格式。
10. 叙述进行操作“记录定位”的作用是什么。

二、填空

1. 表是数据库中最基本的操作对象，也是整个数据库系统的________，也是数据库________的操作依据。

2. 字段类型决定了这一字段名下的________类型。

3. 如果某一字段没有设置标题，系统会将________当成字段标题。

4. 字段的有效性规则是给字段输入数据时设置的________。

5. 字段格式只决定数据的输入和输出格式，不影响数据的________。

6. 一个表只能有一个________，而其他类型的索引可以有多个。

7. 在 Access 中，同一个数据库中的多个表，若想建立表间的关联关系，就必须给相关联的表，依照关联字段________，这样才能够建立表间的关联关系。

8. 替换表中的数据项，先要完成________操作，再进行替换的操作。

9. 一般情况下，一个表可以建立多个索引，每一个索引可以确定表中记录的一种________。

10. Access 的表有两种视图，他们是“表”视图和________视图，两种视图有着不同的作用。

三、单选

1. 定义表结构,以下哪个说法是正确的?(　　)

A. 要定义数据库、字段名、字段类型

B. 要定义数据库、字段类型、字段长度

C. 要定义字段名、字段类型、字段长度

D. 要定义数据库名、字段类型、字段长度

2. 表中某一字段要建立索引,其值有重复,可选择什么索引类型?(　　)

A. 主索引　　B. 有(无重复)

C. 无　　D. 有(有重复)

3. 可以存储图形文件的字段类型是(　　)。

A. 备注型　　B. OLE 对象

C. 日期类型　　D. 文本类型

4. 不能创建索引的数据类型是(　　)。

A. 文本　　B. 货币

C. OLE 对象　　D. 日期

5. 以下不合法的表达式是(　　)。

A. [性别]="男"Or[性别]=女

B. [性别]Like"男"Or[性别]="女"

C. [性别]Like"男"Or[性别]Like"女"

D. [性别]="男"Or[性别]="女"

6. 定义表结构时,不用定义的内容是(　　)。

A. 字段属性　　B. 数据内容

C. 字段名　　D. 索引

7. 以下哪个不是表中字段类型?(　　)

A. 文本　　B. OLE

C. 日期　　D. 索引

8. 以下合法的表达式是(　　)。

A. 教师编号 Between 100000 And 200000

B. [性别]="男" Or[性别]="女"

C. [基本工资]>=1000[基本工资]<=10000

D. [性别]Like"男"=[性别]="女"

9. 定义字段的特殊属性不包括的内容是(　　)。

A. 字段默认值　　B. 字段掩码

C. 字段名　　D. 字段的有效规则

10. 在浏览表中数据时,若想要看到在表中与某个数据值匹配的所有数据,应

该进行的操作是(　　)。

A. 查找　　　　B. 替换

C. 查找或替换　　　　D. 筛选

11.5 查询操作练习

一、回答下列问题

1. 简述什么是查询。
2. 简述查询的作用是什么。
3. 简述查询与表比较,有什么优点?
4. 叙述“动作查询”与“选择查询”有什么不同。
5. 叙述“参数查询”有什么特点。
6. 简述“更新查询”的数据源的作用是什么。
7. 简述创建查询的数据来源有哪些?
8. 叙述创建多表查询有什么好处。
9. 叙述创建“选择查询”的向导有几个,它们的不同之处是什么。
10. 简述创建“生成表查询”作用。

二、填空

1. 查询是专门用来进行________以及进行数据加工的一种重要的数据库对象。

2. 查询结果可以作为其他数据库对象的________。

3. 查询不仅可以重组表中的数据,还可以增加________。

4. 查询也是一个“表”,只不过它是以表或查询为________的再生表,是________的数据集合。

5. 利用参数查询,通过不同的参数值,可以在同一个查询中________的查询结果。

6. 创建“追加查询”的前提,是要具有两个表,且两个表有________。

7. 查询的结果总是使用数据源中的________。

8. 动作查询、SQL 查询必须在________基础上创建。

9. 在“选择查询”窗口,在“准则”文本框,输入查询条件,查询结果中只有________的记录。

10. 创建“生成表查询”,是用于________。

三、单选

1. 创建“追加查询”的数据来源是(　　)。

A. 一个表　　　　B. 没有限制

C. 多个表　　D. 两个表

2. 在“查询设计”窗口,以下哪个不是字段列表框中的选项?(　　)

A. 排序　　B. 显示

C. 类型　　D. 准则

3. 创建“参数查询”定义查询参数,除定义查询参数的类型外,还要定义查询参数的(　　)。

A. 参数值　　B. 标识符

C. 什么也不定义　　D. 参数值域

4. 动作查询不包括(　　)。

A. 参数查询　　B. 生成表查询

C. 更新查询　　D. 删除查询

5. 关于查询与表之间的关系,说法正确的是(　　)。

A. 查询的结果是创建了一个新表

B. 查询的记录集存于用户保存的地方

C. 查询中所存储的只是在数据库中筛选数据的条件

D. 每次运行查询时,便调出查询形成的记录集

6. 查询可以分为如下几类,正确的分类方法是(　　)。

A. 选择查询和删除查询

B. 选择查询和追加查询

C. 选择查询和动作查询

D. 选择查询和更新查询

7. 如果所要创建的查询,检索的是某字段值(字段长度为 5)以“A”开头,以“Z”结尾的所有记录,则查询条件是(　　)。

A. Like A * Z　　B. Like A#Z

C. Like A? Z　　D. Like A $Z

8. 查询向导不能创建(　　)。

A. 选择查询　　B. 重复项查询

C. 交叉表查询　　D. 参数查询

9. 关于更新表查询,以下说法不正确的是(　　)。

A. 使用更新查询可以更新表中满足条件的所有记录

B. 使用更新查询一次只能对表中一条记录进行更改

C. 使用更新查询更新数据比使用数据表更新数据效率高

D. 使用更新查询更新数据后数据不能再恢复

10. 若有一个“学生档案”表,以其创建一个查询,检索“年龄”在 18 到 21 之间的记录,则查询条件是(　　)。

A. Between 21 And 18

B. Between 18 And 21

C. 年龄>18,年龄<21

D. 18<年龄<21

11.6 SQL 语句练习

一、回答下列问题

1. 什么是 SQL 语句?
2. 试述 SQL 语言的特点。
3. SQL 语句的操作功能包括什么?
4. 标准的 SQL 的数据定义功能一般包括什么?
5. 用 SQL 语句对表中记录进行操作命令有几个,分别是什么?
6. 简述如何用 SQL 语句修改表结构。
7. 简述 SQL 语句有几个集函数,其功能有何不同。
8. 简述嵌套查询的作用是什么。
9. 解释什么是左连接,什么是右连接,它们有什么不同。
10. 解释 Where 子句和 Having 子句异同。

二、填空

1. SQL 语句支持________、________和________。

2. SQL 的数据定义包括定义表名和________。

3. Select 语句 Where 中,空值用________表示,非空值用________表示。

4. SQL 语言的删除记录语句,是对表中所有记录或满足条件的指定记录进行________。

5. 在 SQL 语言中,用________命令向表中插入数据,用________命令查询表中的数据。

6. 使用 SQL 语句对表中记录进行操作,________表。

7. 查询成绩高于 90 分的学号,使用 Select 学号 From 成绩________。

8. 查询所有北京籍的学生,使用 Select ________ From 学生 Where 籍贯="北京"。

9. 在 SQL 语言的 Select 语句中,用于实现关系的选择运算的短语是________。

10. 已知使用命令 Select 1,3,5,7From 学生,其查询结果的字段数是________。

三、单选

1. SQL的数据操作语句不包括(　　)。

A. Insert　　B. Delete

C. Update　　D. Change

2. SQL是(　　)英文的缩写。

A. Standard Query Language　　B. Structured Query Language

C. Select Query Language　　D. Special Query Language

3. 成绩 Between 80 and 90 的含义是(　　)。

A. 成绩>80 and 成绩<90　　B. 成绩>=80 and 成绩<=90

C. 成绩>80 or 成绩<90　　D. 成绩>=80 or 成绩<=90

4. 如下表示国籍不等于"中国"的选项中,不正确的是(　　)。

A. 国籍! ="中国"

B. Not(国籍="中国")

C. 国籍><"中国"

D. 国籍 Not Like"中国"

5. SQL语句中删除表的命令是(　　)。

A. Delete Table　　B. Erase Table

C. Delete Dbf　　D. Drop Table

6. SQL语句中不用于计算检索的函数是(　　)。

A. Abs　　B. Sum

C. Max　　D. Avg

7. 关于SQL的短语,下列说法正确是(　　)。

A. Order By 子句必须在 Group By 子句之后用

B. Desc 子句与 Group By 子句必须连用

C. Having 子句与 Group By 子句必须连用

D. Order By 子句与 Group By 子句必须连用

8. 向表中插入数据的SQL命令是(　　)。

A. Insert into　　B. Insert

C. Insert in　　D. Insert blank

9. 查询学生成绩大于90分的学生的姓名的正确的命令是(　　)。

A. Select 姓名 From 学生 Where 学生.学号 =
(Select 学号 From 成绩 Where 成绩>90)

B. Select 姓名 From 学生 Where 学生.学号 In
(Select 学号 From 成绩 Where 成绩>90)

C. Select 姓名 From 学生 Where 学生.学号 >

(Select 学号 From 成绩 Where 成绩>90)

D. Select 姓名 From 学生 Where 学生.学号 <

(Select 学号 From 成绩 Where 成绩>90)

10. 嵌套查询的子查询结果记录个数一定是(　　)。

A. 一个记录　　B. 多个记录

C. 由子查询中的 Where 子句而定　　D. 与 From 子句指定的表的记录个数相同

11.7 窗体设计练习

一、回答下列问题

1. 叙述对象的概念。
2. 叙述属性、事件和方法的概念。
3. 简述什么是窗体,作用是什么。
4. 简述数据窗体的数据来源有几类。
5. 简述窗体是由什么组成的。
6. 叙述 ActiveX 控件的使用方法。
7. 简述 ADO 控件的作用。
8. 叙述数据输入窗体应具有的基本功能。
9. 叙述设计窗体时,主要考虑哪些问题。
10. 简述窗体常用的事件是什么?

二、填空

1. 窗体控件的属性决定了窗体的________及控件自身的结构、外观和行为,以及它所包含文本或数据的特性。

2. 创建窗体的数据来源是________。

3. 窗体的主体位于窗体的中心部分,是工作窗口的核心部分,由多种________组成。

4. 设置窗体的属性实际上是设计窗体的________。

5. 使用窗体设计器,一是可以创建窗体,二是可以________。

6. "图像"控件主要用于显示一个________。

7. "窗体向导"不仅可以为主表创建窗体,还可为________创建子窗体。

8. 用多表作为窗体的数据来源,就要先利用________创建一个查询。

9. 窗体中每个"对象"都具有描述其特征的________以及________。

10. 事件是每个对象可能用以________的某些行为和动作。

三、单选

1. 自动窗体向导创建的窗体不包括(　　)。

A. 纵栏式　B. 数据表　C. 表格式　D. 新奇式

2. 使用窗体设计器，不能创建的窗体是(　　)。

A. 开关面板窗体　B. 自定义对话窗体

C. 报表　D. 数据维护窗体

3. 能够接受数值型数据的窗体控件是(　　)。

A. 图形　B. 文本框　C. 标签　D. 命令按钮

4. 创建窗体的数据来源不能是(　　)。

A. 多个表　B. 一个多表创建的查询

C. 一个单表创建的查询　D. 一个表

5. 不是窗体控件的(　　)。

A. 组合框　B. 文本框　C. 表　D. 命令按钮

6. 以下哪个不是窗体的组成部分。(　　)

A. 窗体设计视图　B. 窗体页眉

C. 窗体主体　D. 窗体页脚

7. 能够输出“图像”的窗体控件是(　　)。

A. 标签　B. 复选按钮控件　C. 图形控件　D. 列表框控件

8. 下列说法错误的是(　　)。

A. 事件既可以由用户引发，也可以由系统引发。

B. 事件代码既能在事件引发时执行，也可以显示调用。

C. 在容器对象的嵌套层里，事件的处理具有独立性，每个对象只识别并处理属于自己的事件。

D. 事件名称不能由用户创建，是系统提供的。

9. 在窗体中，标签的“标题”是标签控件的(　　)。

A. 自身宽度　B. 名字　C. 大小　D. 数据来源

10. 窗体中容纳的控件的“上边距”属性，表示控件的(　　)。

A. 上边界与容器下边界的距离　B. 上边界与容器上边界的距离

C. 下边界与容器下边界的距离　D. 下边界与容器上边界的距离

11.8 宏设计练习

一、回答下列问题

1. 简述什么是宏。

2. 回答宏与宏组有什么区别。

3. 回答宏组的用途是什么。

4. 叙述常用的宏命令功能。

5. 叙述多个数据库对象中,宏的作用与其他对象有什么根本区别?

二、填空

1. 宏是数据库操作代码序列,其中每一个________,完成一个特定的数据库操作。

2. 一旦运行宏,系统将从________依次执行宏中的所有操作命令。

3. 宏也可以是由几个宏名组织在一起的________组成。

4. 利用________可以创建一个宏。

5. 当宏与宏组创建完成后,只有________,才能产生宏操作。

6. 宏的使用一般是通过窗体、报表中的________引发操作。

7. 在宏中加入________,可以限制宏在满足一定的条件下才能完成某种操作。

8. 当宏创建完成后,只有________,才能实现宏操作。

9. 宏组事实上是一个冠有________的多个宏的集合。

10. 直接运行宏组,事实上执行的只是________所包含的所有宏命令。

三、单选

1. 在 Access 数据库系统中,不是数据库对象的是(　　)。

A. 报表　　B. 宏　　C. 数据库　　D. 窗体

2. 怎样才能产生宏操作?(　　)

A. 创建宏组　　B. 编辑宏

C. 创建宏　　D. 运行宏或宏组

3. 能够创建宏的视图是(　　)。

A. 窗体视图　　B. 宏视图　　C. 报表视图　　D. 表视图

4. 不能使用宏的数据库对象是(　　)。

A. 表　　B. 窗体　　C. 宏　　D. 报表

5. 创建宏不用定义的内容是(　　)。

A. 宏名　　B. 窗体或报表控件属性

C. 宏操作目标　　D. 宏操作对象

6. 关于宏的说明正确的是(　　)。

A. 宏可以是独立的数据库对象,可以提供独立的操作动作

B. 宏与表操作无关

C. 定义宏时可直接更新数据

D. 宏不能是窗体或报表上的事件代码

7. 限制宏操作的范围,可以在创建宏时定义(　　)。

A. 操作对象　　B. 条件　　C. 控件属性　　D. 操作目标

8. 在编辑宏中的备注列内容时,字符个数最多为(　　)。

A. 256 B. 127 C. 255 D. 250

9. 关于宏的描述不正确的是(　　)。

A. 宏是为了响应已定义的事件去执行一个操作

B. 可以利用宏打开或执行查询

C. 宏命令没有打开或执行窗体的操作

D. 使用宏可以提供一些更为复杂的自动处理操作

10. 运行一个包含多个操作的宏,操作顺序是(　　)。

A. 从上到下 B. 可指定先后 C. 随机 D. 从下到上

11.9 报表设计练习

一、回答下列问题

1. 叙述什么是报表,报表有什么作用。
2. 简述报表是由哪些部分组成,各部分的作用是什么。
3. 简述报表的数据来源有几类。
4. 叙述报表的报表页眉、字段页眉有什么用途。
5. 叙述报表的报表页脚、字段页脚有什么用途。
6. 叙述创建报表的方法有几种,各有什么优点。
7. 叙述窗体与报表有什么不同。
8. 简述设置报表的页面要考虑哪些内容。
9. 简述 Access 有几种形式的报表。
10. 叙述报表的数据来源有哪些。

二、填空

1. 报表是数据库中________和文档信息输出的另一种形式。
2. 报表的页面设置是用来确定报表页的大小以及________的样式。
3. 页面页脚的内容在报表的每页________打印输出。
4. “页面设置”窗口,3 个选项卡是________、页和列选项卡。
5. 对报表进行统计汇总是要依照 Access 系统提供的________完成的。

三、单选

1. 以下选项哪个不是报表组成部分(　　)。

A. 报表设计视图 B. 主体

C. 报表页脚 D. 报表页眉

2. 在报表的最后一页底部要输出的信息,可以设置(　　)。

A. 页面页眉 B. 报表页脚 C. 报表页眉 D. 页面页脚

3. 以下哪个选项不是“页面设置”窗口中的选项卡?(　　)

A. 页选项卡　　B. 列选项卡　　C. 打印选项选项卡　　D. 排列选项卡

4. 下列选项中不是报表汇总函数的是(　　)。

A. Add　　B. Avg　　C. Sum　　D. Count

5. 下列选项中不是报表来源的是(　　)。

A. 查询　　B. 表　　C. SQL 语句　　D. 窗体

11.10 VBA 设计基础练习

一、回答下列问题

1. 在 VBA 中,变量类型有哪些? 类型符是什么?
2. 在 VBA 中,有几种类型表达式?
3. 表达式是由那些元素构成的?
4. 计算逻辑表达式值时要遵循什么优先顺序?
5. 什么是数组?
6. 建立过程的目的是什么?
7. Function 过程与 Sub 过程有什么不同?
8. 在程序中引用 Ubound( )和 Lbound( )函数有什么好处?
9. Split 函数和 Join 函数有什么不同,各自的作用是什么?
10. VBA 模块与宏有什么区别?

二、填空

1. 标准模块是独立于________的模块。
2. 变量的类型决定了变量存取数据的类型,也决定了变量能参与________。
3. 变量的作用域就是变量在程序中的________。
4. 数组不是一种数据类型,而是一组有序________的集合。
5. 内部函数是 VBA 系统为用户提供的________,用户可直接引用。
6. 在同一个表达式中,如果有两种或两种以上类型的运算,则按照函数运算、________、字符运算、________、________的顺序来进行计算。
7. 标识符必须由________开头,后面可跟字母、汉字、数字、下划线。
8. 分支结构是在程序执行时,根据________,选择执行不同的程序语句。
9. 如果某些语句或程序段需要重复操作,使用________是最好的选择。
10. Sub 过程和 Function 过程可在________中,或在________中创建。

三、单选

1. 以下常量的类型说明符使用正确的是(　　)。

A. Const A1! =2000　　B. Const A1% =60000

C. Const A1% ="123"　　D. Const A1 $ =True

2. 以下声明I是整形变量的语句正确的是( )。

A. Dim I,j As Integer　　B. I=1234

C. Dim I As Integer　　D. I As Integer

3. 以下叙述中不正确的是( )。

A. VBA是事件驱动型可视化编程工具

B. VBA应用程序不具有明显的开始和结束语句

C. VBA工具箱中的所有控件都要更改Width和Height属性才可使用

D. VBA中控件的某些属性只能在运行时设置

4. 在窗体中添加一个命令按钮,名称为Command1,Click事件代码如下。

```
Private Sub Command1_Click( )
A=1234
B $ =Str $ (A)
C=Len(B $ )
Me.Lbl1.Caption=C
End Sub
```

单击命令按钮,则在窗体上显示的内容是( )。

A. 0　　B. 4　　C. 6　　D. 5

5. 在窗体中添加一个命令按钮,名称为Command1,然后编写如下程序。

```
Private Sub Command1_Click( )
a=10
b=5
c=1
Me.Lbl1.Caption=a>b And b>c
End Sub
```

程序运行后,单击命令按钮,则在窗体上显示的内容是( )。

A. True　　B. False　　C. 0　　D. 出错信息

6. 以下选项中逻辑表达式结果为True的是( )。

A. NOT 3+5>8　B. 3+5>8　　C. 3+5<8　　D. NOT 3+5>=8

7. 以下选项中不是分支结构的语句是( )。

A. If…Then…EndIf　　B. While…Wend

C. If…Then…Else…EndIf　　D. Select…Case…End Select

8. VBA程序流程控制的方式是( )。

A. 顺序控制和分支控制　　B. 顺序控制和循环控制

C. 循环控制和分支控制　　D. 顺序控制、分支控制、循环控制

9. 以下选项中不是鼠标事件的是( )。

A. KeyPress　　B. MouseDown　　C. DblCilck　　D. MouseMove

10. 以下选项中不是确定 VBA 中变量的作用域的是(　　)。

A. Static　　B. Function　　C. Private　　D. Public

11.11 VBA 应用开发练习

一、回答下列问题

1. 叙述常用窗体的类型。
2. 叙述数据浏览窗体应具有的功能。
3. 叙述数据查询窗体应具有的功能。
4. 叙述 Function 在窗体中的作用。
5. 叙述 Sub 在窗体中的作用。

二、填空

1. “登录”窗体,是用于限制用户使用系统________的工作窗口。
2. 在“属性表”窗口,可以设计窗体,以及控件的________。
3. 在“代码”窗口,可以设计窗体,以及控件的________。
4. 组合框控件的________属性的数据源多是 SELECT 创建的查询。
5. 子窗体常常用于________的输出。

三、单选

1. 以下选项中不是 VBA 中变量的作用范围的是(　　)。

A. 模块级　　B. 窗体级　　C. 控件级　　D. 数据库级

2. 以下选项中最常用的鼠标事件的是(　　)。

A. KeyPress　　B. MouseDown　　C. Cilck　　D. MouseMove

3. 以下选项中不是窗体事件的是(　　)。

A. Load　　B. Unload　　C. Exit　　D. Activate

4. 以下选项中不是窗体主要属性的是(　　)。

A. 标题　　B. 自动居中　　C. 宽度　　D. 弹出方式

5. 以下选项中不是标签控件主要属性是(　　)。

A. 标题　　B. 行距　　C. 宽度　　D. 高度

11.12 数据导出共享练习

一、回答下列问题

1. 简述什么是数据的导入。
2. 简述什么是数据导出。

3. 在同一个数据库中是否可以进行数据导入操作？如何操作？

4. 在同一个数据库中是否可以进行数据导出操作？如何操作？

5. 叙述在不同的数据库中是否可以进行数据导入、导出操作，作用是什么。

二、填空

1. Access 中的数据库对象，通过进行________操作，可以在其他系统软件环境下使用，实现不同系统间的资源共享。

2. 在 Access 中，可以将当前数据库中的________导出到 Microsoft Excel 中。

3. 将 Access 中的数据表、查询中的数据导出到________中，就能够实现 Access 中的数据与其他高级语言程序的共享。

4. 把 Microsoft Excel 数据________到 Access 数据库中，可以扩大 Access 数据库的资源。

5. 导入或导出操作是一个相对的概念，事实上就是一个数据库中的________传递给另一个数据库。

三、单选

1. 在 Access 中，不能将当前数据库中的数据库对象导出到（　　）。

A. 另一数据库　　B. 数据表中　　C. Excel　　D. Word

2. 在 Access 中，不能导出到 Microsoft Excel 中的数据库对象是（　　）。

A. 宏　　B. 窗体　　C. 查询　　D. 报表

3. 数据库对象导出到另一数据库中，实现的功能是（　　）。

A. 转换成数据文格式

B. 转换成 Microsoft Excel 数据格式

C. 复制副本

D. 转换成 Microsoft Word 文本格式

4. 在 Access 中，不能进行导入、导出操作的是（　　）。

A. 查询　　B. 数据库　　C. 窗体　　D. 表

5. 在 Access 中，将数据库对象导出成哪种数据格式，可以使数据与其他高级语言程序的共享？（　　）

A. 表　　B. Word　　C. Excel　　D. 数据文件

11.13 数据安全练习

一、回答下列问题

1. 简述数据库工作组文件有什么作用。

2. 简述数据库用户与组有什么作用。

3. 简述设置用户与组的权限对数据库操作有什么益处。

4. 叙述设置数据库密码的作用是什么。

5. 叙述设置“数据库密码”和设置“用户与组的权限”有什么不同?

二、填空

1. 若想保护数据库不被别人使用、修改及窃用,用户可以给数据库设置________。

2. 设置数据库用户密码后,一旦需要更换或修改密码,可以________原密码,再对数据库用户密码进行重新设置。

3. 密码中若使用英文字母要注意________。

4. 设置每一个组的使用权限,可以限制用户使用________的不同功能。

5. 管理员的权限是________的权限。

三、单选

1. 在 Access 中,数据库应用系统的用户管理权限设置级别是(　　)。

A. 系统管理员、工作组、用户组和用户

B. 工作组、用户组、用户和系统管理员

C. 工作组、系统管理员、用户和用户组

D. 系统管理员、工作组、用户和用户组

2. 数据库应用系统用户管理权限,管理的对象不是(　　)。

A. 表　　B. 数据库管理系统

C. 查询　　D. 数据库

3. 对数据库应用系统中的代码加以保护,做法是(　　)。

A. 给代码程序设置别名　　B. 多创建模块

C. 多创建函数　　D. 发布 MDE 文件

4. 在 Access 中,为了保证数据库的安全,最好给数据库设置(　　)。

A. 用户与组的账号　　B. 数据库密码

C. 数据库设置别名　　D. 用户与组的权限

5. 以下操作策略不是保护数据库安全措施的是(　　)。

A. 为数据库设置密码　　B. 设置启动窗体

C. 为数据库进行备份　　D. 设置用户权限

附录 A　字段常用属性

属　性	功　能
字段大小	设置字段存储数据的最大字节数
格式	自定义字段的显示和打印方式
输入掩码	控制在文本框类型的控件中的输入值
标题	定义视图的列名称,默认值为字段名
默认值	自动填充的字段值
有效性规则	指定对输入到记录、字段或控件中的数据限制条件
有效性文本	当违反了有效性规则时,所显示的文本信息
必添字段	控制不允许有空字段值
索引	设置索引字段
小数位数	定义字段中的小数位数
新值	定义自动编号字段的值,是以递增方式产生,还是以随机方式产生
显示控件	定义字段是以文本框、列表框和组合框显示的方式
行来源类型	定义控件数据来源的类型
行来源	定义查阅向导字段类型控件的数据来源
结合型列	定义设置控件值的列表框或组合框的列
列数	定义要显示的列数目
列标头	定义是否用字段名称、标题或数据的首行作为列标题或图表标签
列宽	定义多列列表框或组合框中的列宽
列表行数	定义在组合框中显示的行的最大数目
列表宽度	定义组合框中下拉列表的宽度
限于列表	定义当首字符与所选择列之一相符时是否接受文本
筛选	定义是否和表或查询一起加载筛选
排序依据	定义是否和表或查询一起加载排序依据
说明	定义表或查询的说明
输出所有字段	定义是否从来源表中或从查询中输出所有字段
上限值	定义查询所返回的行数或百分比
唯一值	定义查询中是否有重复的字段值
执行权限	定义可执行查询的用户
源数据库	定义输入表或查询的源数据库名称和路径
来源连接字符串	定义连接字符串的源数据库
记录锁定	定义是否及如何锁定基础表或查询中的记录
记录集类型	定义哪些表可以编辑

附录 B　对象常用属性

属　性	功　　能
标题	窗体或报表显示标题，与窗体本身的内容无关，默认值为窗体或报表的名称
默认视图	当窗体被打开时所要显示的视图类型
允许的视图	用户可切换的视图
滚动条	窗体是否显示滚动条和显示什么样的滚动条
记录选定器	窗体是否显示记录选定器
定位按钮	窗体是否显示定位按钮
分隔线	在窗体的节之间是否显示分隔线
自动调整	为了能显示一个记录的全部字段，是否可以调整窗体的大小
自动居中	窗体是否在显示器的中心
边框宽度	控件边框的宽度
边框样式	控件边框样式
控制框	是否在窗体的左上角显示控制菜单
最大化最小化按钮	在窗体上是否显示最大化和最小化按钮
关闭按钮	在窗体上是否显示关闭按钮
问号按钮	在窗体上是否显示问号按钮
宽度	窗体的宽度
图片	窗体背景图片的路径及名称
图片类型	背景图片是链接还是嵌入
图片缩放模式	指定窗体或报表中的图片调整大小的方式
图片对齐方式	指定背景图片在图像控件、窗体或报表中显示的位置
图片平铺	指定背景图片是否在整个图像控件、窗体窗口或报表页面中平铺
网格线 X 坐标	网格中每一单位量度的（水平）分隔数
网格线 Y 坐标	网格中每一单位量度的（垂直）分隔数
打印版式	是否使用打印机字体

续表

属　性	功　　能
调色板来源	调色板的图形的路径或文件名称
强制分页	指定窗体节或报表节是否在新的一页打印,而不是从当前页打印
新行或新列	指定一个节和其相关数据是否在多列报表、窗体的一个新行、列中进行打印
保持同页	是否使节都包含在同一页上
可见性	对象是否可见
何时显示	指定窗体中将在屏幕上显示的节或控件
可以扩大	节或控件是否可垂直地增大,使行能够打印或预览所有数据
可以缩小	节或控件是否可垂直地缩小,使行能够打印或预览所有数据而不包含空白
高度	控件的高度
背景颜色	控件或节的颜色
前景颜色	文本在控件中的颜色,或文本在打印时的颜色
特殊效果	控件或节的外观效果
超级链接地址	为控件指定或确定其链接到对象、文档、Web 页或其他目标的路径
超级链接子地址	指定或确定由超级链接地址所指定的目标文档中的某一位置
左边距	控件左端相对于窗体或报表的位置
上边距	控件上部相对于窗体或报表的位置
背景样式	控件的背景样式
字体名称	文本的字体
字体大小	文本的大小
字体的粗细	文本的线条宽度
斜体	文本是否倾斜
下划线	文本是否带有下划线
文本对齐	控件内文本的对齐方式
小数位数	控件中小数的位数
列数	组合框中下拉列表的列数
列标头	是否用字段名称、标题或数据的首行列标题或图表的标签
列宽	多列列表框或组合框中下拉列表中的列宽

续表

属性	功能
列表行数	组合框下拉列表中所显示的最大行数
列表宽度	组合框下拉列表的宽度
记录来源	窗体或报表所基于的表、查询或 SQL 语句
控件来源	作为控件数据来源的字段名称或表达式
行来源	控件数据的来源
行来源类型	控件数据来源的类型
结合型列	设置控件值的列表框或组合框的列
自动展开	当首字符与所选列之一相同时,是否展开文本
筛选	窗体/报表自动加载的筛选
排序依据	窗体/报表自动加载的排序依据
允许筛选	是否允许记录筛选
允许编辑	在窗体中能否修改记录
允许删除	在窗体中能否删除记录
允许添加	在窗体中能否添加记录
数据入口	是否仅允许添加新记录
记录集类型	决定哪些表可以编辑
记录锁定	是否及如何锁定基础表或查询中的记录
默认值	自动输入到此字段记录中的值
成为当前	在焦点从一个记录移动到另一个记录时所要执行的宏或函数
插入前	在新记录的第一个字符被输入时所要执行的宏或函数
插入后	在新记录被输入后所要执行的宏或函数
更新前	在字段或记录被更新前所要执行的宏或函数
更新后	在字段或记录被更新后所要执行的宏或函数
删除	在记录被删除时所要执行的宏或函数
确认删除前	在确认删除前所要执行的宏或函数
确认删除后	在确认删除后所要执行的宏或函数
打开	在窗体或报表打开时所要执行的宏或函数
进入	当控件第一次获得焦点时所要执行的宏或函数

续表

属　性	功　　能
退出	当控件在同一个窗体上失去焦点时所要执行的宏或函数
加载	窗体/报表在加载时所要执行的宏或函数
调整大小	窗体/报表在调整大小时所要执行的宏或函数
卸载	窗体/报表在卸载时所要执行的宏或函数
关闭	窗体/报表在关闭时所要执行的宏或函数
激活	当一个窗体/报表被激活时所要执行的宏或函数
停用	当一个窗体/报表失去激活时所要执行的宏或函数
获得焦点	当一个窗体或控件获得焦点时所要执行的宏或函数
失去焦点	当一个窗体或控件失去焦点时所要执行的宏或函数
单击	当控件被单击时所要执行的宏或函数
双击	当控件被双击时所要执行的宏或函数
鼠标按下	当鼠标按下时所要执行的宏或函数
鼠标移动	当鼠标移动时所要执行的宏或函数
鼠标释放	当鼠标释放时所要执行的宏或函数
键按下	当键盘按键按下时所要执行的宏或函数
键释放	当键盘按键释放时所要执行的宏或函数
击键	当键盘按键被按下或键释放时所要执行的宏或函数
键预览	是否在控件的键盘事件发生前调用窗体的键盘事件
出错	当窗体或报表在发生运行错误时所要执行的宏或函数
筛选	当一个筛选被编辑时所要执行的宏或函数
应用筛选	当一个筛选被应用或移去时所要执行的宏或函数
计时器触发	当计时器时间间隔为“0”时所要执行的宏或函数
计时器间隔	以毫秒为单位来指定计时器时间间隔
格式化	当节被格式化前所要执行的宏或函数
弹出方式	窗体是否为弹出式窗口,自动出现在其他窗体之前
独占方式	窗体是否保留焦点,直到关闭
循环	Tab 键应如何循环
菜单栏	自定义菜单栏或菜单栏宏的名称

续表

属　性	功　　能
工具栏	窗体被打开时显示的工具栏
快捷菜单	允许在浏览模式中使用鼠标键菜单
快捷菜单栏	自定义快捷菜单和菜单宏的名称
快速激光打印	是否使用激光打印机的规则来打印
帮助文件	此窗体自定义帮助文件名称
帮助上下文 ID	自定义帮助文件中主题的标识号
标记	由此控件保存的额外数据
内含模块	确定窗体或报表是否含有类模块
垂直放置	指定在垂直、或水平方向显示、编辑窗体和其中的控件
控件提示文本	提示信息
输入法模式	鼠标进入控件时是否打开输入法
状态栏文本	当控件被选定时，状态栏中所显示的内容
Enter 键行为	接受到同一窗体上另一控件焦点之前既按 Enter 键，所要发生的事件
允许自动更正	是否自动更正此控件中输入的文字
自动 tab 键	输入最后一个掩码允许的字符后，是否自动跳到下一个控件
Tab 键索引	通过生成器可以定义 Tab 键的次序
记录锁定	是否及如何锁定基础表或查询的记录
日期分组	指定如何在报表中分组日期字段。

附录 C　常用的宏命令

命　令	功　能
AddMenu	自定义菜单栏,可替换窗体或报表的内置菜单栏
Applyfilter	从表中检索浏览记录
Beep	扬声器发出嘟嘟声
CanclEvent	停止激活的事件
Close	关闭一个窗体及其所包含的所有对象,如果没有指定窗体,则关闭当前窗体
CopyObject	把一个数据库中的对象拷贝到另一个数据库中,或快速地创建一个相似的对象
DeleteObject	删除一个特定的数据库对象
DoMenultem	执行一个菜单命令
Echo	决定运行宏时是否更新屏幕,如参数设置为 No,宏运行时将不会更新屏幕
FindNext	在 FindRecord 操作之后使用 FindNext,可连续地查找符合相同准则的记录
FindRecord	在表中寻找第一个符合准则的记录
GotoControl	把光标移到指定的表格或报表中的控件位置
GotoPage	把光标移到指定页面的第一个控件的位置
GoToRecord	确定打开的表、窗体或查询中的当前记录
HourGlass	在鼠标指针处显示沙漏图标
Maximize	扩大当前窗体以填充 Access 窗体,使用户尽可能多地看到活动窗体中的对象
Minimize	把当前窗体缩小为图标
MoveSize	移动当前窗体或重新定义当前窗体的大小
MsgBox	打开一个可以显示包含警告信息或其他信息的消息框
OpenDataAccessPage	打开数据访问页
OpenDiagram	打开一个数据库图表

续表

命　　令	功　　能
OpenForm	打开一个窗体
OpenModule	打开一个模块
OpenQuery	打开一个查询
OpenReport	打开一个报表
OpenStoredProcedure	打开一个存储过程
OpenTable	打开一个表
OpenView	打开一个视图
OutputTo	将特定的 Access 数据库对象中的数据输出到 Excel、文本文件中
Print	打印当前的数据图表、窗体或报表
PrintOut	打印打开数据库中的当前对象
Quit	退出 Access
Rename	给选定的数据库对象重新取名
RepaintObject	刷新一个窗体的内容,如果没有指定数据库对象,则对当前数据库对象进行更新
Requery	从表格中或指定的对象中获得最新的信息
Restory Restore	将处于最大化或最小化的窗体恢复为原来的大小
RunApp	在 Access 中运行一个 Windows 或 MS-DOS 应用程序
RunCode	运行 Visual Basic 函数
RunCommand	运行 Access 的内置命令
RunMacro	调用另一个宏
RunSQL	通过使用相应的 SQL 语句,运行操作查询和数据定义查询
Save	保存一个特定的 Access 对象,或在没有指定的情况下保存当前活动的对象
SelectObject	把光标移动到指定的对象上
SendKeys	输入一个击键动作
SendObject	将指定的 Access 对象包含在电子邮件消息中,以便查看和发送
SetMenuItem	设置活动窗体的自定义菜单栏,或全局菜单栏上的菜单项的状态
SetValue	设置窗体或报表中一个控件特性的值
SetWormings	打开或关闭 Access 的系统消息

续表

命　　令	功　　能
ShowAllRecord	取消基本表或查询中所有的筛选
ShowToolbar	显示或隐藏内置工具栏或自定义工具栏
StopAllMacro	中断所有运行的宏
StopMacro	中断当前运行的宏
TransferDatabase	在其他的数据库之间导入与导出数据
TransferSpreadheet	在电子表格文件之间导入或导出数据
TransferTest	在文本文件之间导入或导出文本

附录 D 常用的 DoCmd 方法

方法	参数名	说明
ApplyFilter	过滤器名 Where 条件	用过滤器、查询或 SQL Where 子句过滤窗体或报表的数据
Beep	无参数	产生“嘟”声以示警告
CancelEvent	无参数	取消事件的正常处理过程，当用户在记录中输入错误数据时，这个命令很有用，它能取消对数据库的修改
Close	对象类型	关闭活动（默认）窗口或指定了对象名的窗口
CopyObject	目标 数据库 新名称	将数据库对象复制到另一个数据库中，或以另一名称复制到原数据库中
Delete Object	对象类型	删除指定对象，如参数为空，则删除数据库窗口中被选择的对象
Echo	打开 Echo 状态条文本	在执行代码时打开屏幕刷新，在执行完成以前隐藏结果并加速代码的运行
FindNext	无参数	查找由 FindRecord 或 Find 方法指定的下一条记录
FindRecord	查找数据的表达式匹配情况 方向 是否按格式查找 查找范围 是否从起点开始查找	在当前记录之后查找符合条件的记录，在表、窗体或记录集对象中进行查找
GoToControl	控件名	在打开的窗体、窗体数据表、表数据表或查询数据表的当前记录中将焦点移动到指定字段或控件，要把焦点移动到子窗体中的控件上，需使用 GoToControl 两次，第一次将焦点移到子窗体控件，第二次再移动子窗体中的控件上

续表

方　　法	参　数　名	说　　明
GoToPage	页号	在多页面窗体的指定页上按制表顺序选择第一个字段
	水平偏移量	
	垂直偏移量	
GoToRecord	对象类型	在打开的表、窗体或查询数据表中显示指定记录
	对象名	
	偏移量	
HourGlass	是否显示沙漏	运行时在鼠标指针位置显示沙漏图标，当运行长过程时使用此方法
Maximize	无参数	最大化活动窗口
Minimize	无参数	在 Access 窗口中把活动窗口最小化成图标
MoveSize	右上角水平位置	移动活动窗口或改变其大小
	左上角水平位置	
	宽度	
	高度	
MsgBox	消息文本	显示一个警告或信息消息框并等待用户单击“确定”按钮。已被 VBA 的 MsgBox 命令取代
	是否发声	
	类型	
	标题	
OpenDataAccessPage	页名	在浏览模式(默认)或设计视图中打开指定的“数据存取页”
	页视图	
OpenDiagram	图表名	打开工程的指定数据图表
OpenForm	窗体名	从窗体的某个视图打开它，并通过选择窗体的数据输入与窗口方式，来限制窗体显示情况
	查看	
	筛选名	
	Where 条件	
	数据输入方式	
	窗口模式	

续表

方　法	参 数 名	说　明
OpenModule	模块名	打开指定模块并显示指定过程
	过程名	
OpenQuery	查询名	打开一个选择查询或交叉表查询,或运行一个操作查询
	视图	
	数据输入方式	
OpenReport	报表名	在指定的视图中打开报表,并在打印前过滤记录
	视图	
	筛选名	
	Where 条件	
OpenStoredProcedure	过程名	以“普通”(默认),“设计”或“预览”模式(工程)打开存储过程
	视图模式	
	数据输入方式	
OpenTable	表名	在指定视图中打开或使表变成活动的。用户可以在“数据表”视图中给表指定输入或编辑方式
	视图	
	数据输入方式	
OpenView	视图名	以“普通”(默认)“设计”或“预览”模式(工程)打开视图
	视图模式	
OutputTo	对象类型	将指定对象中的数据拷贝到 Microsoft Excel (xls)、Richtext(.rtf)或 DOS 文本(.Txt)文件中,“自动启动”会启动与上述扩展名相关联的应用程序
	对象名	
	输出格式	
	输出文件	
	自动启动	
Print	打印范围	打印活动的数据表单、报表或窗体
	起始页	
	终止页	
	打印质量	
	打印份数	
	是否自动校对打印	

续表

方法	参数名	说明
PrintOut	与 Print 相同	在 VBA 中使用,因为 Print 是 VBA 的保留字
Quit	选项	关闭 Access,并根据指定命令保存修改过的对象
Rename	新名称	重命名一个数据库窗口上选择的对象
RepaintObject	对象类型	强制执行指定数据库对象的重算和屏幕更新,如果没有指定数据库对象,则对活动数据库对象进行更新 该操作不会显示新的或更改过的记录
	对象名	
Requery	控件名	通过再查询控件的数据源来更新活动对象中指定控件的数据。如果参数为空,该操作将对对象本身的数据源进行再查询
Restore	无参数	将处于最大化或最小化的窗口恢复到原来的大小
Save	对象类型	保存指定的数据库对象,若参数为空则保存活动窗口
	对象名	
SelectObject	对象类型	选择指定数据库对象
	对象名	
	是否选择数据库窗口中的对象	
SendKeys	要接收的按键	发送击键消息到任何 Windows 应用中
	是否暂停	
SetWarnings	是否显示系统信息	打开或关闭默认警告信息,此操作不会抑制错误信息或需要输入文本的系统对话框的显示
ShowAllRecords	无参数	去掉所有过滤,并重新查询活动对象
TransferDatabase	转换类型	在当前数据库与其他数据库之间导出数据,也可链接其他的数据库的表到当前数据库中。其他数据库可以是 Access 或 SQL 数据库
	数据库类型	
	数据库名	
	对象类型	
	源	
	目标	
	是否只转换表结构	

续表

方　法	参　数　名	说　明
TransferSpreadSheet	转换类型	从电子表格中导入数据或将 Access 数据导出到电子表格中
	电子表格类型	
	表名	
	文件名	
	是否有字段名	
	范围	
TransferText	转换类型	从文本文件中导入数据或将 Access 数据导出到文本文件中
	规范名称	
	表名	
	文件名	
	是否有字段名	

附录 E　ADO 对象属性与方法

属　性	说　明
AbsolutePage	指定当前记录所在的页
AbsolutePosition	指定 Recordset 对象当前记录的序号位置
ActiveCommand	指示创建关联的 Recordset 对象的 Command 对象
ActiveConnection	指定的 Command、Recordset 当前所属的 Connection 对象
ActualSize	指示字段的值的实际长度
Attributes	指示对象的一项或多项特性
BOF	指示当前记录位于 Recordset 对象的第一个记录之前
EOF	指示当前记录位于 Recordset 对象的最后一个记录之后
Bookmark	返回唯一标识 Recordset 对象中当前记录标识
CacheSize	指示缓存在本地内存中的 Recordset 对象的记录数
CommandText	包含要根据提供者发送的命令文本
CommandTimeout	指示在终止、产生错误之前执行命令期间需等待的时间
CommandType	指示 Command 对象的类型
Connect	设置或返回对其运行查询和更新操作的数据库名称
ConnectionString	包含用于建立连接数据源的信息
ConnectionTimeout	指示在终止尝试和产生错误前建立连接期间所等待的时间
Count	指示集合中对象的数目
CursorLocation	设置或返回游标服务的位置
CursorType	指示在 Recordset 对象中使用的游标类型
DataMember	指定要从 DataSource 属性所引用的对象的名称
DataSource	指定所包含的数据将被表示为 Recordset 对象的对象

续表

属　性	说　明
DefaultDatabase	指示 Connection 对象的默认数据库
DefinedSize	指示 Field 对象所定义的大小
Description	描述 Error 对象
Direction	指示 Parameter 表示的是输入、输出还是输入/输出参数
EditMode	指示当前记录的编辑状态
ExecuteOptions(RDS)	指示是否启用异步执行
FetchOptions	设置或返回异步获取的类型
Filter	指示 Recordset 的数据筛选条件
FilterColumn(RDS)	设置或返回计算筛选条件的列
FilterCriterion(RDS)	设置或返回在筛选值中使用的计算操作符
FilterValue(RDS)	设置或返回用于筛选记录的值
Handler(RDS)	设置或返回包含扩展 RDSServer. DataFactory 功能的服务器端自定义程序(处理程序)的名称的字符串,以及处理程序所用的任何参数,它们均由逗号(",")分隔
Index	指示对 Recordset 对象当前生效的索引的名称
HelpContext	指示与 Error 对象关联的帮助文件和主题 HelpContextID 返回帮助文件中主题的、按长整型值返回的上下文 ID
HelpFile	返回字符串,用于计算帮助文件的完整分解路径
InternetTimeout(RDS)	指示请求超时前将等待的毫秒数
IsolationLevel	指示 Connection 对象的隔离级别
LockType	指示编辑过程中对记录使用的锁定类型
MarshalOptions	指示要被调度返回服务器的记录
MaxRecords	指示通过查询返回 Recordset 的记录的最大数目
Mode	指示用于更改 Connection 中数据的可用权限
Name	指示对象的名称
NativeError	指示针对给定 Error 对象的特定提供者的错误代码

续表

属　性	说　明
Number	指示用于唯一标识 Error 对象的数字
NumericScale	指示 Parameter 或 Field 对象中数字值的范围
Optimize	指示是否应该在该字段上创建索引
OriginalValue	指示发生任何更改前已在记录中存在的 Field 的值
PageCount	指示 Recordset 对象包含的数据页数
PageSize	指示 Recordset 中一页所包含的记录数
Precision	指示在 Parameter 对象中数字值或数字对象的精度
Prepared	指示执行前是否保存命令的编译版本
Provider	指示 Connection 对象提供者的名称
RecordCount	指示 Recordset 对象中记录的当前数目
Size	指示 Parameter 对象的最大大小(按字节或字符)
Sort	指定一个或多个排序的字段名,并指定按升序还是降序对字段进行排序
SortColulmn(RDS)	设置或返回记录并以之排序的列
SortDirection(RDS)	设置或返回用于指示排序顺序是升序还是降序的布尔型值
Source(ADO Error)	指示产生错误的原始对象或应用程序的名称
SQL(RDS)	设置或返回用于检索 Recordset 的查询字符串
SQLState	指示给定 Error 对象的 SQL 状态
State	对所有可应用对象,说明其对象状态是打开或是关闭,对执行异步方法的 Recordset 对象,说明当前的对象状态是连接、执行或是获取
Status	指示有关批量更新或其他大量操作的当前记录的状态
Type	指示 Parameter、Field 或 Property 对象的操作类型或数据类型
UnderlyingValue	指示数据库中 Field 对象的当前值
Value	指示赋给 Field、Parameter 或 Property 对象的值
Version	指示 ADO 版本号

参考文献

[1] 王珊,萨师煊. 数据库系统概论[M].4 版. 北京:高等教育出版社,2006.

[2] 施伯乐,丁宝康,汪卫. 数据库系统教程[M]. 3 版. 北京:高等教育出版社,2008.

[3] Connolly T,Begg C. 数据库系统:设计实现与管理[M]. 3 版. 宁洪,等,译. 北京:电子工业出版社,2004.

[4] Garcia-Molina H,Ullman JD,Widom J,数据库系统全书[M]. 岳丽华,等,译. 北京:机械工业出版社,1998.

[5] 李雁翎. 数据库技术及应用(Access)经典案例集[M]. 北京:高等教育出版社,2012.

[6] 李雁翎. 数据库技术与应用 Access[M]. 2 版. 北京:高等教育出版社,2012.

郑重声明